—— 作者 ——

布赖恩·查尔斯沃思

英国皇家学会会员，爱丁堡大学进化生物学院教授（2007—2010年任院长）。曾任进化学研究学会会长、英国遗传学学会会长。主要研究领域为进化遗传学、基因组进化。著有《按年龄组织的种群中的进化》（1994）。

德博拉·查尔斯沃思

英国皇家学会会员，爱丁堡大学生物科学学院教授级研究员。曾任欧洲进化生物学会会长。主要研究领域为植物配种体系的进化，包括植物如何避免杂交繁殖、性染色体如何进化。

A VERY SHORT INTRODUCTION

EVOLUTION

进化

〔英国〕布赖恩·查尔斯沃思
德博拉·查尔斯沃思 著
舒中亚 译

译林出版社

图书在版编目（CIP）数据

进化 /（英）布赖恩·查尔斯沃思 (Brian Charlesworth)，（英）德博拉·查尔斯沃思 (Deborah Charlesworth) 著；舒中亚译 .—南京：译林出版社，2024.1

（译林通识课）

书名原文：Evolution: A Very Short Introduction

ISBN 978-7-5447-9986-7

Ⅰ. ①进…　Ⅱ. ①布…　②德…　③舒…　Ⅲ. ①生物 - 进化　Ⅳ. ① Q11

中国国家版本馆 CIP 数据核字（2023）第 221842 号

著作权合同登记号　图字：10-2023-426 号

进化　[英国] 布赖恩·查尔斯沃思　德博拉·查尔斯沃思 / 著　舒中亚 / 译

责任编辑　杨欣露
装帧设计　孙逸桐
校　　对　孙玉兰
责任印制　董　虎

原文出版　Oxford University Press, 2003
出版发行　译林出版社
地　　址　南京市湖南路 1 号 A 楼
邮　　箱　yilin@yilin.com
网　　址　www.yilin.com
市场热线　025-86633278
排　　版　南京展望文化发展有限公司
印　　刷　徐州绪权印刷有限公司
开　　本　850 毫米 × 1168 毫米　1/32
印　　张　4.875
插　　页　4
版　　次　2024 年 1 月第 1 版
印　　次　2024 年 1 月第 1 次印刷
书　　号　ISBN 978-7-5447-9986-7
定　　价　59.00 元

序　言

周忠和

译林出版社翻译了牛津大学出版社2003年出版的《进化》（*Evolution: A Very Short Introduction*）一书，我由衷感到高兴。能够被邀请作序，虽诚惶诚恐，也深感荣幸，权且当作是一次学习的经历，因此通读了译稿，写下几句读书心得，与读者分享。

这是一本扼要介绍有关生物进化知识的著作，权威性毋庸置疑，而且十分通俗、有趣。它没有试图包括有关进化的各个重要方面的最新研究进展，但还是涉及了有关进化的一些最基本的问题。本书对与进化有关的许多生物学的基本概念，如物种、基因、突变等都做了很好的诠释，同时也概要总结了支持进化论的方方面面的证据，包括来自地质学和古生物学的证据。

本书讨论了许多与我们日常生活相关的或者一些容易令人产生兴趣的问题，而且列举了大量的例子。譬如，基因突变如何导致一些疾病？抗生素为什么不能过量使用？怎样从进化的角度来理解不同物种衰老的过程？社会性的动物中，为什么会进化出失去了生殖能力的个体？

本书一个鲜明的特点是应用了大量的比喻，来解释一些普通读者较为难懂的生物学概念。例如，通过抛硬币解释遗传漂变；用英语等有关联的语言拼写的不同，来形容不同物种同一基因序列的异同；认为不同语言差异的程度与它们分离的时间有一定的关联，同样的道理也适用于DNA（脱氧核糖核酸）序列的比较。作者还把简单原始生命今天依然成功延续比喻为老的但依然实用的工具，譬如现代办公室内电脑旁边的锤子。

本书专门有一章解释"适应与自然选择"。考虑到公众通常很容易对"适应"一词产生的误解和争议，作者用了比较多的篇幅来解释这一概念的内涵，解释充分而得体，并且告诉读者进化生物学意义上的"适应"（譬如，性选择产生的孔雀雍容华丽的尾巴）与我们日常生活中经常理解的"适应"是有差异的。此外，生物的进化并没有前瞻性或者预见性，冷酷无情的自然选择只是考虑眼前，而我们日常生活中理解的"适应"可能还包括了对未来的考虑。

本书的最后一章"一些难题"也很有用意。对普通读者来说，进化论总是存在这样或那样不太容易理解的方面。生物复杂结构（如脊椎动物的眼睛）的进化恐怕就是其中的"难题"之一。对复杂结构的进化的理解之所以被称为"难题"，并不是因为理论上遇到了什么样的挑战，而是我们缺少足够多的过渡性的中间阶段的证据。至于其他的难题，譬如人类意识的起源和进化的问题，恐怕不仅难在证据的获取，而且如同作者所说的那样，"我们甚至很难清晰地表述这个问题的本质，因为众所周知意识是很难准确定义的"。

在书的结尾，与其说是后记，还不如说是一些富有哲理的思考。例如，“人类的多数变异都存在于同一个区域群体的个体间，不同群体间的差异则少得多。因此，种族是同质的、彼此独立的存在这种想法是毫无道理的，而某个种族具有遗传上的‘优越性’这一说法更是无稽之谈”。在进化过程中有进步吗？本书作者提供的答案是有保留的肯定。显然，复杂的生物来自不太复杂的生物，从原核单细胞到鸟类和哺乳动物的演化过程似乎表明了这一现象；然而，自然选择并没有暗示这一过程是不可避免的，细菌显然还是最丰富和成功的生命形式之一，复杂性减退的例子比比皆是。由此，我想到了“evolution”一词的中文翻译问题。究竟翻译为“进化”还是“演化”更好呢？尽管我个人更偏爱“演化”，相信读者看完本书之后也会有自己的偏爱和选择。

献给约翰·梅纳德·史密斯

目 录

致　谢

感谢牛津大学出版社的谢利·考克斯与埃玛·西蒙斯，她们建议我们写作本书，并担任编辑。同样感谢海伦·博斯威克、简·查尔斯沃思与约翰·梅纳德·史密斯，他们对本书的初稿进行了阅读与点评。当然，本书存在任何错误，由我们负责。

第一章

引　言

匍匐者兮，

与我何异；

彼猿吾人，

兄弟血亲。

——托马斯·哈代《饮酒歌》

科学界存在着这样一个共识：地球是一颗行星，它环绕着一颗非常典型的恒星运动，这颗恒星是银河系中数以亿计的恒星之一，银河系又是不断扩张的浩瀚宇宙中数以亿计的星系之一，而宇宙起源于约140亿年前。大约46亿年前，由于尘埃与气体的引力凝聚过程，地球产生了；这个过程也产生了太阳以及其他太阳系的行星。早于35亿年前，在纯粹的化学变化中产生了能自我复制的分子们，所有现存生命都是它们的后代。在达尔文所谓的“后代渐变”过程中，生命渐次形成，通过一个枝蔓丛生的谱系——生命之树——彼此关联。我们人类与黑猩猩及大猩猩的亲缘关系最为紧密，在600万—700万年前，我们与它们有着共同的祖先。我们所属的哺乳类动物，与现存的爬行类动物在约3亿年前也拥有共同的祖先。所有的脊椎动物（哺乳类、鸟类、爬行类、两栖类、鱼类）都能追根溯源到一种生活在5亿多年前、小小的像鱼一样、缺少脊柱的生物。再往前追溯，辨明动物、植物以及微生物的类群之间的关系变得愈加困难。但是，就像我们将要看到的那样，在它们的遗传物质中，有清晰而鲜明的印迹表明它们有共同的祖先。

距今不到450年，所有的欧洲学者还都相信地球是宇宙的中心，而宇宙的大小最多不过几百万英里，太阳以及其他星球都围绕着地球这个中心运动。距今不到250年，他们还认为宇宙是在6000年前被创造出来的，而它自创世之后就再无本质变化，尽管当时人们已经了解到地球与其他行星一样，是围绕着太阳转动，也广泛接受了宇宙比他们之前所了解的要大得多这一事实。距今不到150年，科学家们普遍接受了地球当前的状态是由至少数千万年的地质变迁形成的这一观点，但是生命是上帝的特别创造这一观念依然是主流思想。

在不到500年间，科学方法大行其道，我们通过实验与观测进行推理，而不再求助于宗教权威或者统治权威，这彻底改变了我们对于人类起源以及人与宇宙关系的观念。在开启了一个具有内在魅力的全新世界的同时，科学也深刻影响了哲学与宗教。科学的发现表明了人类是客观力量的产物，而我们所居住的世界只是浩瀚悠久的宇宙一个很小的组成部分。基于上述观点，我们才能探索了解宇宙——这是整个科学研究计划的基础假设，无论科学家们自身有着怎样的宗教或哲学信仰。

科学研究计划取得了令人瞩目的成功，这是毋庸置疑的，特别是在20世纪这个恐怖事件在人类社会中频频发生的时代。科学的影响或许间接地推动了这些事件——一方面通过大规模工业社会的兴起所触发的社会变革，另一方面通过对传统信仰体系的削弱侵蚀。然而，我们也可以说，人们本可以运用理性阻止人类历史上诸多悲剧的发生，20世纪的灾难源自理性的缺失而非理性的失败。正确运用科学来认识我们所生存的世界，这是人类未来的唯一希望。

进化论的研究已经揭示了我们与地球上栖息的其他物种之间紧密的联系，只有对这种联系保持尊重，才能避免全球性的大灾难的发生。自140多年前达尔文与华莱士发表本领域的首批著作以来，生物进化论蓬勃发展。本书的目的在于向大众读者们介绍一些进化生物学中最重要也最基础的发现、概念以及规程。进化论为整个生物学提供了一套统一的法则，也阐明了人类与宇宙及人与人之间的联系。此外，进化论的许多方面还有实际的价值，比如当前紧迫的医学问题，正是由于细菌对抗生素、艾滋病病毒对抗病毒药物快速进化出的抗药性所导致的。

在本书中，我们首先介绍进化论的主要因果过程（第二章）；第三章介绍了一些基本的生物背景知识，同时也展示了我们如何在进化层面理解生物之间的相似性；第四章描述了那些源自地球历史、源自现存物种地理分布样态的进化论证据；第五章关注自然选择之下的适应性进化；第六章则关注新物种的进化以及物种间差异的进化；在第七章中，我们将讨论一些对进化理论来说看似困难的问题；第八章则是一个简要的总结。

第二章

进化的过程

为了对地球上的生命有所了解，我们需要知道动物（包括人类）、植物以及微生物是如何运作的，并最终归结到构成它们运作基础的分子过程层面。这是生物学的"怎么样（how）"问题；在过去的一个世纪里，对于这个问题已有大量的研究，并取得了令人瞩目的进步。研究成果表明，即便是能够独立生存的最简单生物——细菌细胞，也是一台无比精密复杂的机器，拥有成千上万种不同的蛋白质分子；它们协同作用，提供细胞生存所必需的功能，并分裂产生两个子细胞（见第三章）。在更高等的生物如苍蝇或人类中，这种复杂性还会增大。上述生物的生命从一个由精子与卵细胞融合形成的单细胞开始，然后发生一系列受到精密调控的细胞分裂过程，与之相伴的是分裂产生的细胞分化成为多种不同的形态。发育的过程最终产生的是由不同组织与器官构成、具有高度有序结构、能够完成精细行为的成熟生物。我们对形成这种结构与功能复杂性的分子机理的了解正在快速进步。尽管还有许多尚待解决的问题，生物学家们相信，即使是生物中最为复杂的特性，比如人类的意识，也是化学与物理过程运行的反映，而这些过程能够被科学方法分析及探索。

从单个蛋白分子的结构与功能，到人类大脑的组成，在各级结构中我们都能看到许多**适应**的例证，这种结构对功能的适应与人类设计的机器有着异曲同工之妙（见第五章）。我们同样能看到，不同的物种具有相互迥异的特征，这些特征通常清晰地反映了它们对于栖息环境的适应。这些观察的结果引出了生物学的“为什么（why）”问题，涉及那些让生物体成为它们如今状态的过程。在“进化”的概念出现之前，大部分的生物学家在回答这一问题时，可能都会归因于造物主。“适应”这个词是18世纪英国的神学家引入的，他们认为，生物体特征中精心设计的表象证明了一个超自然的设计师的存在。尽管这个理论被18世纪中叶的哲学家大卫·休谟证明具有逻辑缺陷，但在其他可供选择的可靠理论出现前，它依然在人们的思想中占有一席之地。

进化论思想引出了一系列自然过程，它们能够解释生物物种庞大的多样性，以及那些使生物较好适应栖息环境的特征，而不用诉诸超自然力量。这些解释自然也适用于人类本身的起源，这使得生物进化论成为一门最引人争议的科学。然而，如果我们不带任何偏见来看待这些问题，可以认为，支持进化是一个真实存在的过程的证据与其他确立多年的科学理论，如物质的分子特性（见第三、四章）一样，非常坚实可靠。有关进化的成因，我们同样有一系列已被充分验证的理论。不过，与所有健康发展的科学一样，在进化论中，同样存在尚待解决的问题，同时随着了解的深入，许多新的问题也在不断涌现（见第七章）。

生物的进化包括随着时间的推移生物种群特征所发生的变

化。这种变化的时间尺度与大小的波动范围非常大。进化的研究可以完成于一个人的一生中，在此期间单一的特征发生了简单改变，例如为了控制细菌感染而广泛使用青霉素，在几年之内对青霉素有拮抗作用的菌株出现频率将会升高（第五章会讨论这一问题）。在另一个极端，进化也包括重要的新物种诞生这样的事件，这也许将花费几百万年的时间，需要许多不同特征的改变，例如从爬行动物向哺乳动物的转变（见第四章）。查尔斯·达尔文与阿尔弗雷德·拉塞尔·华莱士这两位进化论学说创始人的一个关键见解就是：各个层次的变化都可能包含同样类型的过程。进化方面的重要变化主要反映的是相同类型的微小改变经过长时间的积累造成的变化。

进化方面的改变最终要依靠生物体出现新的变化形态：**突变**。突变是由遗传物质的稳定变化造成的，由亲本传递给子代。实验遗传学家们已经研究了许多不同生物中几乎所有能够想到的特征的突变，医学遗传学家们业已列明人类种群中出现的数以千计的突变类型。生物表观特征上的突变结果差异很大。有一些突变并没有可观察到的表型，只是由于现在已经可以直接对遗传物质结构进行研究，人们才觉察到它们的存在（我们在第三章中将描述这一点）；另一些突变则是在某个简单特性上具有相对较小的影响，例如眼睛的颜色由棕色变成蓝色，某些细菌获得了针对某种抗生素的抗药性，或是果蝇体侧刚毛数量发生了改变。某些突变则对于生物发育具有极其显著的影响，例如黑腹果蝇的一种突变使得它的头部本该长触角的地方长出了一条腿。任何特殊类型的新突变的出现都是一个小概率事件，大概频率为在一代里10万个之中才出现一个，甚至还要更少。突变造成了一个特征的改变，例如抗生素耐药性，最初发生在单个个体之中，通常在许多代里这些变化被限制在一个很小的比例。为了达到进化方面的改变，需要有其他过程引发它在种群中频率的上升。

自然选择是进化改变的过程中最重要的一步，这些改变包括生物的结构、功能以及行为等方面（见第五章）。在1858年发表于《林奈学会议程学报》的论文中，达尔文与华莱士通过以下观点详述了他们的自然选择进化理论：

· 一个物种会产生大量后代，远超出能够正常存活到成熟期及繁殖期的数量，因此存在着**生存竞争**。

· 在种群的诸多特征中存在着个体变异，其中的一些可能会影响个体生存与繁殖的能力。因此某一代中成功繁殖的亲本可能与种群整体存在不同。

· 这些变异中的很大一部分可能具有**遗传组分**，因此成功亲本的子代特征将与上代的种群不同，而更接近于它们的亲本。

如果这个过程在每一代间继续，种群将出现渐进式的转变，由此与更强生存能力或更高繁殖成功率相关的特征的出现频率将随时间变化而升高。这种特征的改变起源于突变，但是影响单一特征的突变在任何时间都会出现，无论它是否会被自然选择所青睐。事实上，大部分的突变或是对于生物体没有影响，或是将降低生物生存或者繁殖的能力。

对于这种提高了生存或繁殖成功率的变异体而言，它的频率上升过程解释了适应性特征的进化，因为更强壮的身体或更好的表现通常能够提高个体生存或繁殖的成功率。当一个种群处于多变的环境中，这种变化过程尤其可能发生；在这种环境下，相较于那些已经被自然选择所确定的特性而言，一系列多少有些不一样的特征更容易受到青睐。正如达尔文在1858年所写的那样：

> 但是一旦外部环境改变……现在，每个个体都必须在竞争中寻求生存，任何一个能够使得个体更好适应新环境的结构、习性或本能上的微小变异，都将对个体的活力与健康造成影响，这是毋庸置疑的。在竞争中，这样的个体有着更好的生存**机会**；而遗传了这些变异——尽管如此微小——的后代，也同样具有更好的生存**机会**。年复一年，出生个体多于存活个体；天平中最细小的颗粒最终会决定谁将死亡，而谁又将生存。一手是自然选择，一手是死亡，在一千代之后，没有人能对它造成的影响视若无睹……

然而，同时存在另一种重要的进化改变机制，它解释了物种如何同样能够在对个体的生存或者繁殖成功率几无影响的性状上产生不同，这种机制因此不服从自然选择理论。正如我们将在第六章看到的那样，这种机制在遗传物质大类上的改变中尤其可能存在，这些改变对于机体的结构或功能几无影响。即使存在**选择中性**变异，因此通常情况下不同个体的生存或繁殖不存在差异，子代也依然可能与亲代存在细微差别。这是因为，在缺少自然选择的情况下，子代种群的基因是从亲代种群基因抽取的一个随机样本。真实种群的大小是有限的，于是子代种群的构成将与亲代存在随机差异，正如我们在抛10次硬币时，不会期望正好获得5次正面和5次背面。

这种随机变化的过程叫作**遗传漂变**。即使是最大的生物种群，例如细菌的种群，也是有限的，因此遗传漂变总是能够起作用。

突变、自然选择与遗传漂变的随机过程共同导致了种群组成的改变。在经历了足够长的一段时间后，这种累积效应改变了种群的基因组成，于是使得物种的特征与其祖先有了极大的差别。

我们在前文中提到了生命的多样性，这种多样性反映在了现存数量庞大的物种上。（有更多的物种在过去的年代里曾经存在过，但是正如第四章将描述的，灭绝是几乎所有物种的宿命。）新物种如何进化无疑是一个重要的问题，我们将在第六章中进行讨论。要定义“物种”这个词非常困难，想要在同一物种的种群与不同物种的种群间划出清晰的界限，有时也很困难。从进化角度看，当进行有性生殖的两个种群的生物体之间无法杂交，由此它们的进化轨迹完全独立，则可以认为它们是不同的物种，这种说法是有道理的。因此，居住在世界上不同地方的人类种群毫无疑问属于同一物种，因为如果有其他地区的移民到来，他们之间不存在杂交繁殖障碍。这种移民行为有助于防止同一物种的不同种群间的基因组成差异过大。与之相反，黑猩猩与人类显然就是不同物种，因为居住在同一地区的人类与黑猩猩之间不能够进行杂交繁殖。正如我们将在后文中提到的，人类与黑猩猩在遗传物质的组成上的差异同样要比人类本身之间的差异大得多。一个新物种的形成必然包括关联种群间杂交繁殖障碍的进化。一旦这种障碍形成，种群的发展将在突变、选择及遗传漂变的影响下产生分化。这种分化的过程最终导致生物的多样性。如果我们理解混合生殖障碍如何进化，种群又如何在之后发生分化，我们将理解物种的起源。

在进化论的这些观点的支持下，数量庞大的生物数据变得逐渐明朗。同时，正如天文学家与物理学家模拟恒星、行星、分子及原子的行为以求更彻底地了解它们，并给予自己的理论精细的检验，能够进行精确模拟的数学理论的发展也使得进化论有了坚实的基础。在更加具体地描述进化论的机制（但省略数学过程）之前，我们将在下面两章中展示进化论如何使得众多不同类型的生物发现变得有意义，与神创论的难以自圆其说形成鲜明对比。

第三章

进化的证据：生物间的相似与差异

进化论对生命的多样性做出了解释，其中包括动物、植物、微生物的不同物种间众所周知的差异；同时也解释了它们最基础的相似性。这些相似性通常在外部可见的特征这一表面层级上较为明显，同时也延伸至显微结构与生化功能中最精密的细部。我们将在本书的后文（第六章）中对生物的多样性进行讨论，同时阐述进化论如何解释“青出于蓝而胜于蓝”这一现象。但是，本章我们将着眼于生物的整体。此外，我们将介绍许多基本的生物学常识，后文的几章内容正是建立在这些基本常识之上。

不同物种类别间的相似性

生物——即使是截然不同的生物——之间，在各种层面上都存在相似性。从我们熟悉的、外形上可见的相似，到更为深远的生命周期的相似，以及遗传物质结构的相似。即使在两种有着天壤之别的物种，如我们人类与细菌间，这些相似性都可以被清晰地探测到。基于以下理论，即生物都源自一个共同的祖先，它们在进化的过程中彼此产生联系，我们可以对这些相似性进行简明而自然的解释。人类本身与猩猩有着显而易见的相似性，如图1A所示，包括内部特征，例如我们的大脑结构与组成的相似性。我们与猴子之间存在较小一些的相似性，甚至与其他哺乳动物间，尽管我们之间有那么多不同，也存在更小、不过依然十分明确的相似性。哺乳动物与其他脊椎动物相比，也存在许多相似之处，包括它们骨骼的基本特征，以及它们的消化、循环和神经系统。更让人惊奇的是我们与一些生物，例如昆虫之间存在的相似性（比如昆虫分节的躯干、它们对于睡眠的需求、它们睡眠与苏醒的日常节律的控制），以及不同物种间神经系统作用的根本相似性。

生物分类系统长久以来都基于易于观察的结构特点。例如，早在生物科学研究开始之前，昆虫就被认为是一类相似的生物；它们拥有分节的躯干、六对多节的足、坚固的外在保护壳等，这些使得它们与其他种类的无脊椎动物（例如软体动物）有着显著的区别。这其中的许多特征也存在于其他种类的动物身上，例如螃蟹和蜘蛛，只不过它们拥有不同数量的足（对于蜘蛛而言，这个数量是八条）。这些不同的物种都被归入同一个更大的分类之中，即节肢动物。昆虫是节肢动物的一类，而在昆虫之中，双翅目又组成了一小类，特征就是它们都只有一对翅，同时还有其他共有的特征。蝴蝶与蛾子形成了另外一个昆虫类别，这一类中的成员们两对翅上都有着精细的结构。在双翅目之中，我们依据共有的特征，将家蝇及它们的近亲与其他成员区分开来；在它们之中，我们又命名单个**物种**，例如最常见的家蝇。物种究其本质而言，即一群相似的能够彼此杂交繁殖的个体的集合。相似的种

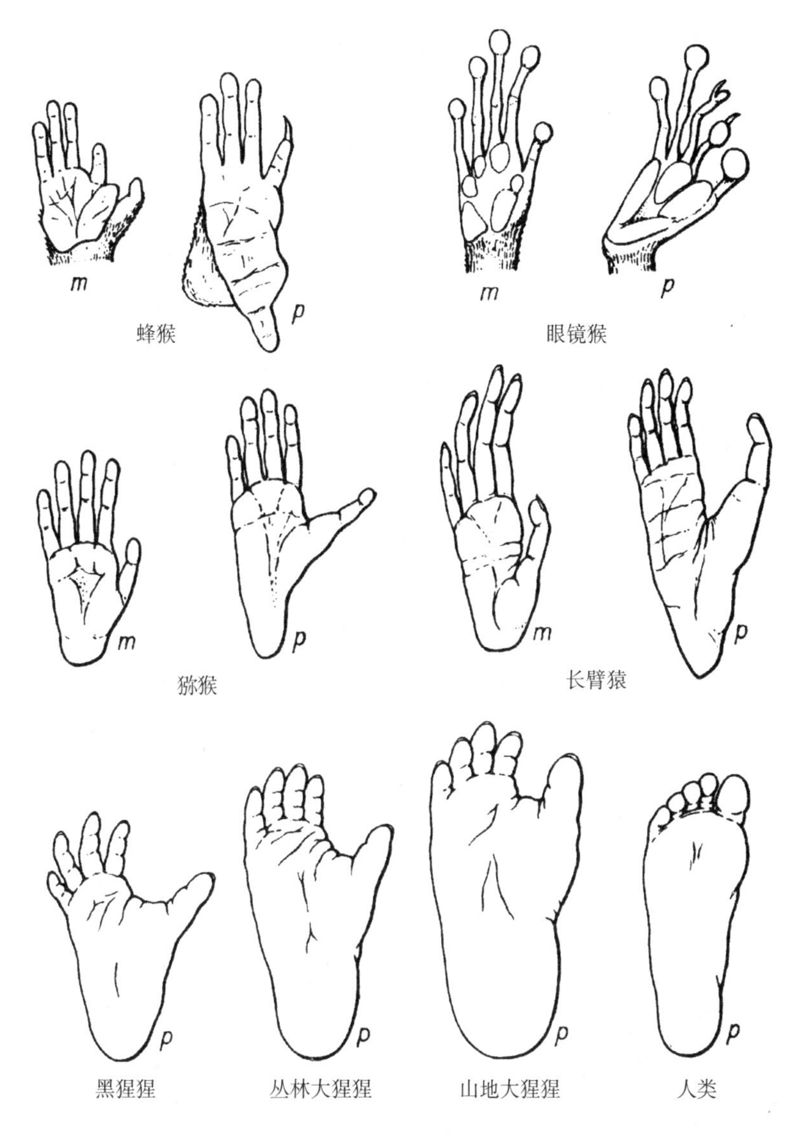

图1A. 一些灵长类动物的手（*m*）与脚（*p*），展示了不同物种间的相似性，以及与动物生活方式相关的差异，例如树栖的物种有着与其他趾相对的趾（蜂猴和眼镜猴是原始树栖类灵长动物）

被划归进同一个**属**，同样地，同一个属中的生物都拥有一系列其他属所不具有的特性。生物学家通过两个名字确定每一个可鉴别的物种——属名，然后是该物种本身的种名，例如智人（*Homo sapiens*）；这些名字依据惯例采用斜体书写。

生物可以被逐级归入不同类别，随着归类的细化，它们之间所共有的且其他类别的生物不具有的特征也越来越多——这一发现是生物学上的一个重大的进步。不同生物物种的划分，以及物种的命名体系，在达尔文之前很久就出现了。在生物学家开始思考物种的进化问题之前，对物种有一个清晰而具象的概念显然是非常重要的。对于生物这种分层次的相似性最简单也最自然的解释，即生物随着时间的推移不断进化，自原始祖先开始不断多样化，形成了今天现存的生物类群，以及数不胜数的已灭绝生物（见第四章）。如我们将在第六章讨论的，如今可以通过直接研究它们遗传物质中的信息，对生物类群间这种推测的谱系关系进行判断。

另外一系列能够强有力地支持进化论的事实是：在不同物种中，存在同一结构的不同特化（modification）。例如，蝙蝠与鸟类翅膀的骨骼清晰地说明它们都属于特化的前肢，尽管它们与其他脊椎动物的前肢看起来截然不同（图1B）。类似地，尽管鲸的上肢看起来非常像鱼类的鳍，同时也显然非常适合游泳，它们的内在结构却与其他哺乳动物的足相似，除了趾的数目多了一些。结合其他证明鲸是哺乳动物的证据（例如它们用肺呼吸、给幼崽哺乳），这一事实也就合情合理。化石证据证明，陆生脊椎动物的前

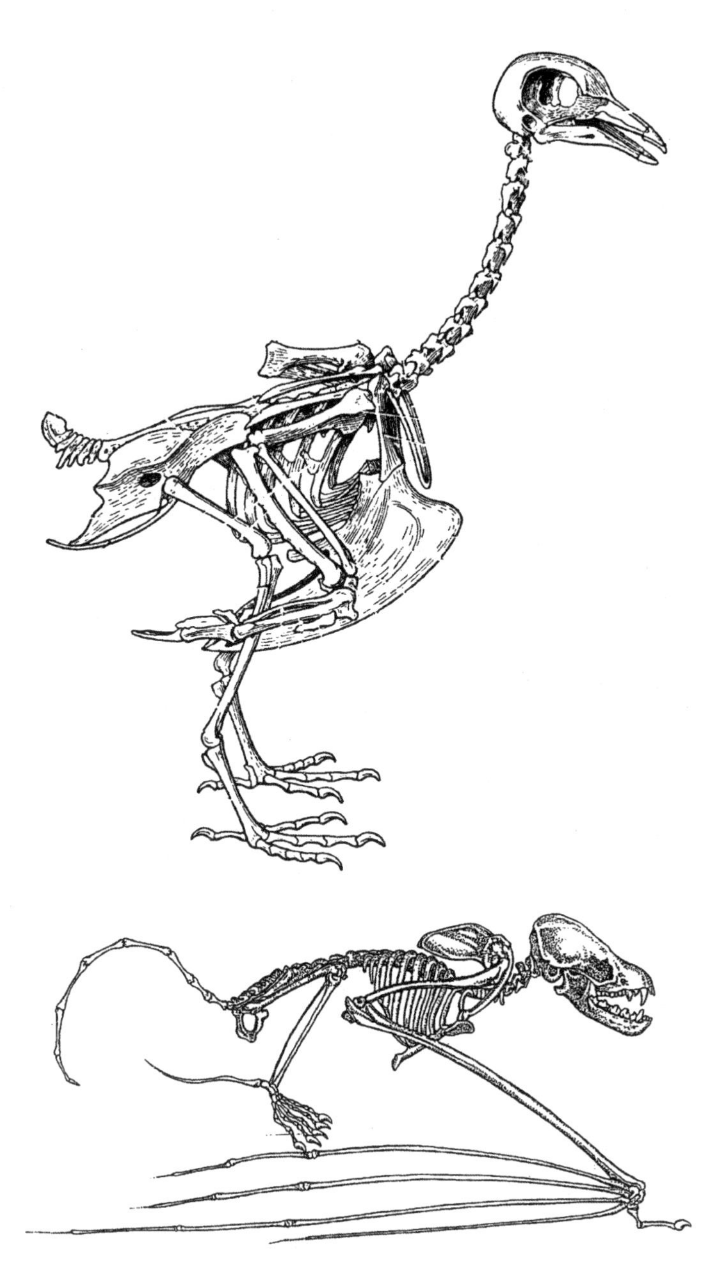

图1B. 鸟类与蝙蝠的骨骼，图中展示了它们之间的相似与差异

肢与后肢源自肉鳍鱼类的两对鳍（肉鳍鱼类中最著名的现存生物代表是腔棘鱼，见第四章）。而最早的陆生脊椎动物化石，也确实有多于五个的趾，就像鱼类与鲸。另一个例子是哺乳动物耳朵中的三块听小骨，它们负责把外界的声音传输给将声音转换为神经信号的器官。这三块微型的骨头最初发育自胚胎时期的下颌与颅骨，在爬行动物中它们随着发育逐渐扩大，最终形成头部与下颌骨骼的一部分。连接爬行动物与哺乳动物的化石纽带展示了这三块骨头在成年个体中连续的进化与变形，最终进化成为听小骨。在不同功能需求的作用下，相同的基本结构在进化过程中发生了显著的变化——类似的例子比比皆是，以上例子只是众多已知事例中的一小部分。

胚胎发育与痕迹器官

胚胎发育也为不同生物间的相似性提供了许多醒目的证据，清晰地显示了来自共同祖先的传承。不同物种的胚胎形成通常呈现惊人的相似，尽管它们的成熟个体千差万别。例如，在哺乳动物发育的某一阶段，会出现类似鱼类胚胎的鳃裂（图2）。如果我们是源自类似鱼类的祖先，那么这一切都有了很好的解释，否则这一现象将十分令人费解。正是由于成熟个体的结构需要使生物个体适应其所生存的环境，它们极有可能被自然选择所改造。可能发育中的血管需要鳃裂的存在，以引导它们在正确的部位形成，因此这些结构依然保留着，甚至在那些从不需要鳃功能的动物身上。然而，发育是能够进化的。在其他很多细节上，哺

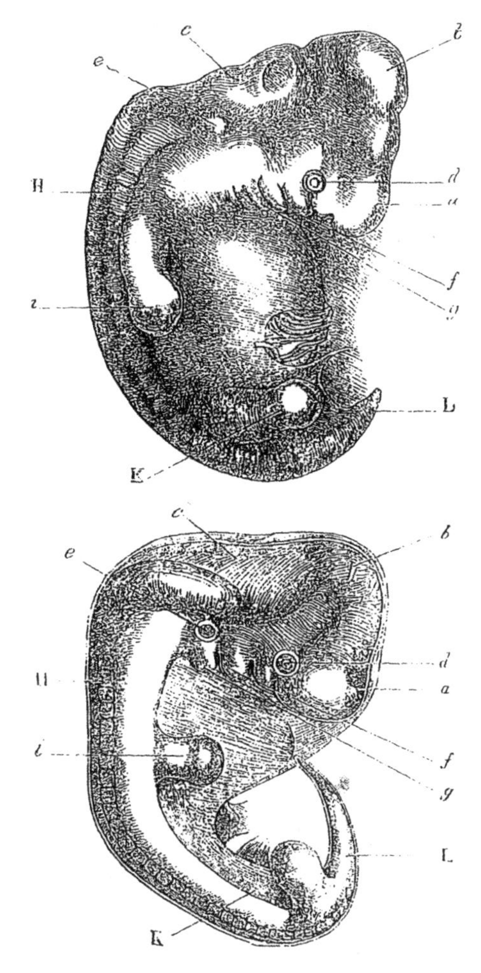

上图为人类胚胎（来自Ecker)；下图为狗的胚胎（来自Bischoff)。

a. 前脑、大脑半球等
b. 中脑、四叠体
c. 后脑、小脑、延骨髓
d. 眼
e. 耳
f. 第一腮弓
g. 第二腮弓
h. 发育中的脊椎和肌肉
i. 前肢
k. 后肢
l. 尾或尾骨

图2　人类与狗的胚胎，展现了它们在这一发育阶段最重要的相似性。在图中可以清楚看到鳃裂（标出了鳃弓 f与g）。来自达尔文的《人类起源与性选择》(1871)

乳动物的发育与鱼类有着显著区别，因此其他在发育过程中影响不那么深远的胚胎结构，逐渐地消失了，取而代之的是新的结构。

相似性并不仅仅局限在胚胎阶段。**痕迹器官**长久以来也被认为是现代生物的远古祖先功能器官的残余结构。它们的进化非常有趣，因为这些实例告诉我们进化并不总是创造、改进结构，它们有时也会削减结构。人类的阑尾是一个典型的例子。作为消化道的一部分，阑尾在人体之中已经被大大缩减，而在猩猩身上，这部分依然巨大。在无腿动物身上出现退化的肢，这一例子也为人们所熟知。在发现的原始蛇化石之中，它们具有几乎完整的后肢，说明蛇是由有腿的、类似蜥蜴的祖先进化而来的。现代蛇的身体由一个瘦长的胸廓（胸部）以及众多脊椎骨（蟒蛇的脊椎骨超过300块）组成。对于蟒蛇而言，不带肋骨的脊椎骨标志着躯干与尾部的分界，也正是在这个部位发现了退化的后肢。在这个后肢中，有骨盆带与一对缩短了的股骨，它们的发育过程遵循了其他脊椎动物的正常轨迹，表达着通常控制四肢发育的相同基因。移植蟒蛇的后肢组织甚至能够促使鸡的翅膀形成额外的指，说明这部分后肢的发育系统依然存在于蟒蛇体内。然而，其他进化更加完全的种类的蛇，则彻底无肢。

细胞与细胞功能的相似性

不同生物间的相似性并不局限在可见的特征中。它们根深蒂固，深入最细小的微观层面以及生命最基础的层面。一切动物、植物及真菌都具有一个基本特点，即它们的组织是由本质上相似的基本单元——**细胞**所组成的。细胞是所有生物体（病毒除外）的基础，从单细胞的细菌与酵母，到拥有高度分化组织的多细胞个体如哺乳动物。**真核生物**（所有非细菌的细胞生命）的细胞由**细胞质**与**细胞核**组成，在细胞核中包含了遗传物质（图3）。细胞质并不只是包裹在细胞膜内的供细胞核漂浮其中的简单液体，它含有一系列复杂的微小结构，其中包括许多亚细胞结构。其中两种最重要的**细胞器**是产生细胞能量的线粒体，以及绿色植物细胞中进行光合作用的叶绿体。现在，人们已经了解到，这两种细胞器都来源于侵入细胞并与细胞融合，成为其重要组成部分的细菌。细菌也是细胞（图3），但是相较而言，细菌细胞更简单，没有细胞核与细胞器。它们与和它们类似的生物被统称为**原核生物**。作为唯一一种非细胞形态的生物，病毒寄生于其他生物的细胞中进行繁殖。病毒仅由一个蛋白质衣壳及它所包裹的遗传物质组成。

细胞是非常微小而又高度复杂的工厂，它们生产生物体所需的化学物质、从食物原料中产生能量、形成生物结构（例如动物的骨头）。这些工厂里大部分的“机器”及许多的结构是**蛋白质**。一些蛋白质是**酶**，它们结合化学物质并在其上完成反应，比如像化学剪刀一样将一种化合物分解成为两种化合物。生物洗涤剂中的酶能够将蛋白质（如血迹或汗渍）分解为小片，从而使污渍能从脏衣服上被洗去；类似的酶存在于我们的消化道中，它们将食物中的大分子分解为更小的分子，从而能被细胞所吸收。生物体中的其他蛋白质还具有储存或运输的作用。红细胞中的血红

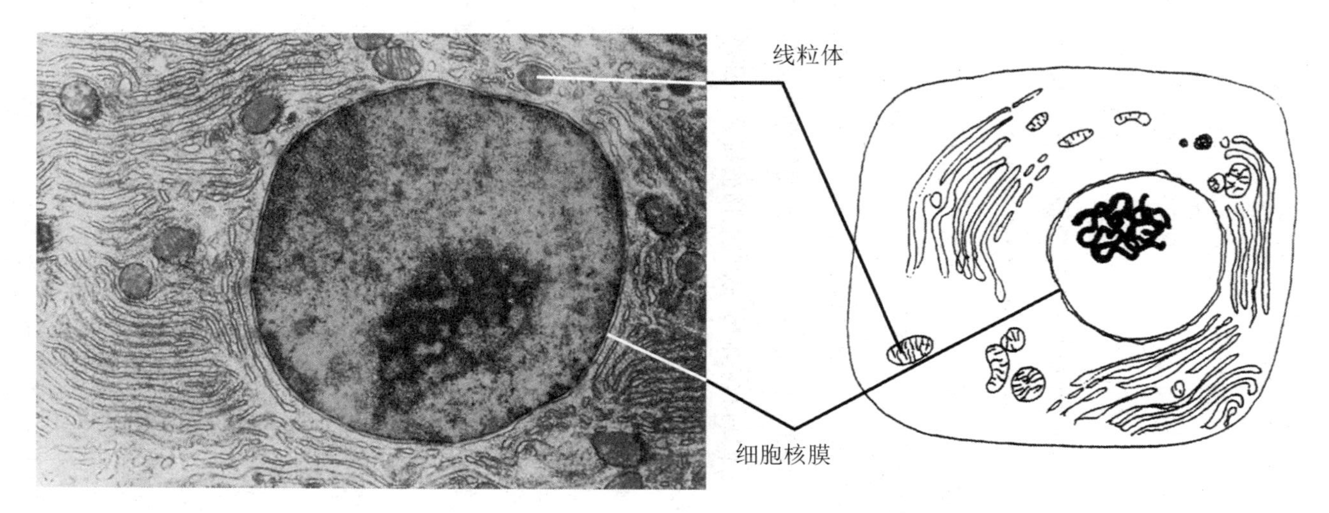

图3　真核生物与原核生物细胞

A. 哺乳动物胰腺细胞电子显微镜照片与示意图，展示了核膜内包裹着染色体的细胞核，细胞核外的区域含有许多线粒体（这些细胞器也有包住它们的膜）；以及膜状的结构，它们参与蛋白质合成与输出，并将化学物质运入细胞。线粒体的体积略小于细菌细胞

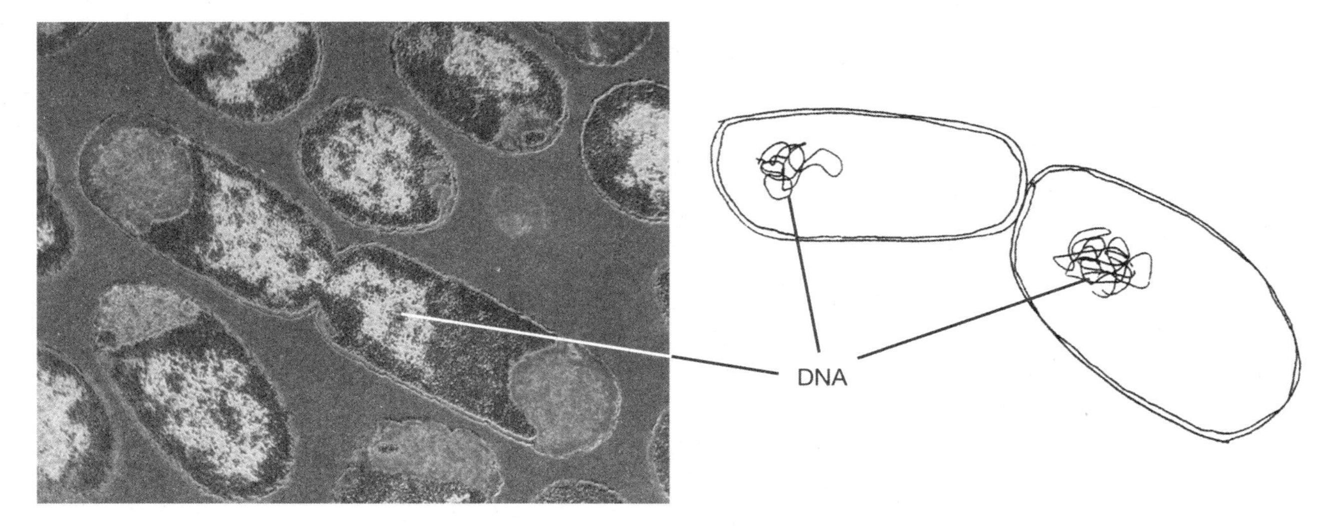

B. 细菌细胞的电镜照片及示意图，展现了它简单的结构：一层细胞壁与未包裹于细胞核中的DNA（脱氧核糖核酸）

蛋白能够运送氧气，肝脏中的一种被称为铁蛋白的蛋白质能够结合并储存铁元素。同时也存在结构蛋白，例如组成皮肤、毛发以及指甲的角蛋白。另外，细胞还产生向其他细胞或器官传递信息的蛋白质。激素是常见的交流蛋白，它们随着血液循环流动，控制众多的机体功能。另外一些蛋白质分布在细胞的表面，参与同其他细胞的交流。这些互动交流包括使用信号控制发育过程中的细胞行为、受精过程中卵子与精子间的交流以及免疫系统对寄生生物的识别等。

就像任何其他工厂一样，细胞受复杂机制的调控。它们对来自细胞外的信息进行响应（依靠横跨细胞膜的蛋白质，就像一个匹配外来分子的锁眼，见图4）。感觉感受器蛋白，例如嗅觉感受器及光学感受器，被用于细胞与环境间的信息交流。来自外界的化学信号与光学信号被转换成为电脉冲，沿着神经传导到大脑。迄今为止，所有已被研究过的动物在进行化学与光学感受时使用的蛋白质大体上都是相似的。为了说明在不同生物的细胞间发现的相似性，我们选取在苍蝇的眼睛与人类的耳朵中都存在的肌球蛋白（类似肌肉细胞中的蛋白质）为例，这种蛋白的基因突变会造成耳聋。

生化学家们已经将生物体中的酶划分成了许多不同类别，在一个全球性的编码系统中，每一种已知的酶（在像人类这种复杂动物体内，存在成千上万种酶类）都有一个编码。由于在种类极广的生物的细胞中存在如此多的酶类，因此这个系统对酶的归类依据的是它们的功能而不是它们来源的生物。其中的一些，例如

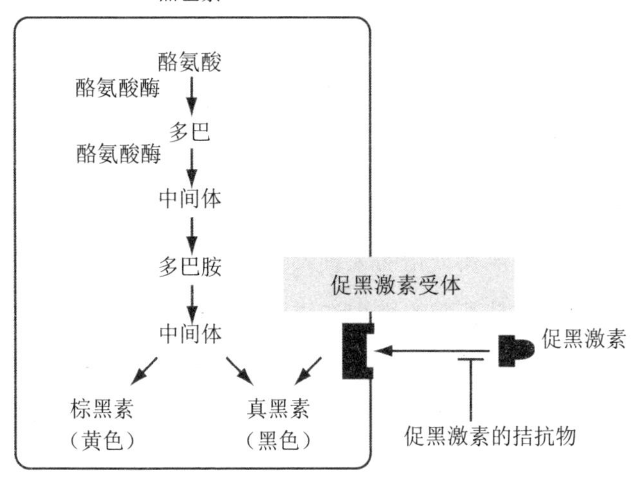

图4　在哺乳动物的黑色素细胞中，从氨基酸前体——酪氨酸合成黑色素与一种黄色素的生物途径。这个途径中的每一个步骤都由一种不同的酶催化。有效酪氨酸酶的缺失将会导致动物的白化病。促黑激素受体决定了黑色素与黄色素的相对量。这种激素的拮抗物的缺失将导致黑色素的形成，但这种拮抗物的存在“关闭”了该受体，导致了黄色素的形成。这就是虎斑猫以及棕毛鼠毛发中黄色与黑色部分形成的原因。让拮抗物失去作用的突变导致了更深的毛色；然而，黑色动物并不总是由这个作用产生，有些只是由于它们的受体一直保持在“开启”的状态，无论它们的激素水平是高还是低

消化酶，负责将大分子分解成为小片段；一些其他的酶，负责将小分子聚合在一起；另外一些则负责氧化化学物质（将化学物质与氧气结合）；等等。

将食物转化成为能量的方式在各种类型细胞中都大体相同。在此过程中，存在一个能量的来源（在我们的细胞中是糖或脂肪，但对于某些细菌而言，是其他化合物，例如硫化氢）。细胞通

过一系列化学步骤分解最初的化合物，其中的某些步骤释放出能量。这种**代谢途径**就如同一条流水线，包含一连串的子流程。每个子流程都由它们自己的蛋白质“机器”完成，这些蛋白质“机器”就是这个代谢过程中不同步骤所对应的酶。相同的代谢途径在许多生物中都产生作用，在现代的生物学课本中介绍那些重要的代谢途径时，不需要去指明某种具体的生物。例如，蜥蜴在奔跑后感到疲倦，这是乳酸的堆积造成的，就像我们的肌肉中出现的情形一样。除了从食物中产生能量，细胞中同样存在着生产许多不同化学物质的代谢途径。例如，一些细胞产生毛发，一些产生骨骼，一些产生色素，另外一些产生激素，等等。对于表皮的黑色素而言，不管是我们人类、其他哺乳动物，还是翅膀具有黑色素的蝴蝶，甚至是酵母（例如黑色孢子），其产生的代谢路径都是相同的，而这个代谢路径中所使用的酶也被植物用于生产木质素（它是木材的主要化学成分）。从进化角度思考，从细菌到哺乳动物，代谢途径基本特征的根本相似性再一次变得很容易理解与接受。

这些细胞及身体功能中的每一种不同蛋白质都是由生物基因中的一种决定的（我们将在本章后文中详细解释）。而酶是所有生化途径发生作用的基础。如果在代谢途径中任何一种酶失去作用，将不能产生最终产物，就像流水线上的一环发生问题，产品就无法生产一样。例如，白化病突变是由于一种产生黑色素所必需的酶缺失造成的（图4）。阻断生产途径中的某一环是调节细胞产物的有效方法，因此细胞中存在着抑制剂，用来进行这种调节，正如前文黑色素生产中调节的例子。在另一个例子中，组织中存在着形成凝血块的蛋白质，然而在呈溶解态时，只有在这种前体物质的一部分被切除之后才会形成血块。负责切除的酶同样存在于组织中，但通常呈休眠状态；当血管遭到破坏时，因子被释放出来改变这种凝血酶，因此它立刻被激活，导致了蛋白的凝结。

蛋白质是由几十至几百条**氨基酸**亚单元之链构成的大分子，这些氨基酸单链与相邻的氨基酸相连，形成了蛋白链（图5A）。每个氨基酸都是一个相当复杂的分子，拥有它们各自的化学特性与大小。在生物体的蛋白质中共使用了20种不同的氨基酸；特定的蛋白质，例如红细胞中的血红蛋白，具有一组有特定序列的氨基酸。一旦有了正确的氨基酸序列，蛋白质链就折叠成为功能蛋白的形状。蛋白质复杂的三维结构完全是由构成它们蛋白链的氨基酸序列决定的；而氨基酸序列则完全由生产此种蛋白的DNA的序列决定（图5B）——这一点我们即将详述。

图5 A. 肌红蛋白（一种与红细胞中的血红蛋白相似的肌肉蛋白）的三维结构，图中可见蛋白质长链中所包含的氨基酸，编号为1至150，以及蛋白质中含铁的血红素分子。血红素结合氧气或二氧化碳，而这个蛋白的作用就是运输这些气体分子
B. DNA结构，DNA是大多数生物遗传物质的载体分子。它包含两条互补链，相互环绕呈螺旋状。每一条链的主干由脱氧核糖分子（S）构成，通过磷酸分子（P）彼此相连。每个脱氧核糖分子对应一种被称作核苷酸的分子，它们构成了遗传学字母表的“字母”。存在四种类型的核苷酸：腺嘌呤（A），鸟嘌呤（G），胞嘧啶（C），胸腺嘧啶（T）。正如在双螺旋结构中所见，一条链上每种特定的核苷酸与另一条链上对应的核苷酸互补。这种配对的原则是：A与T对应，而G则与C对应。在细胞分裂过程中当DNA进行复制时，双链解开，遵循着上述配对原则，一个互补的子链将从各自的母链中产生。由此，在母链中A与T配对的位置将在子链中也同样为T与A

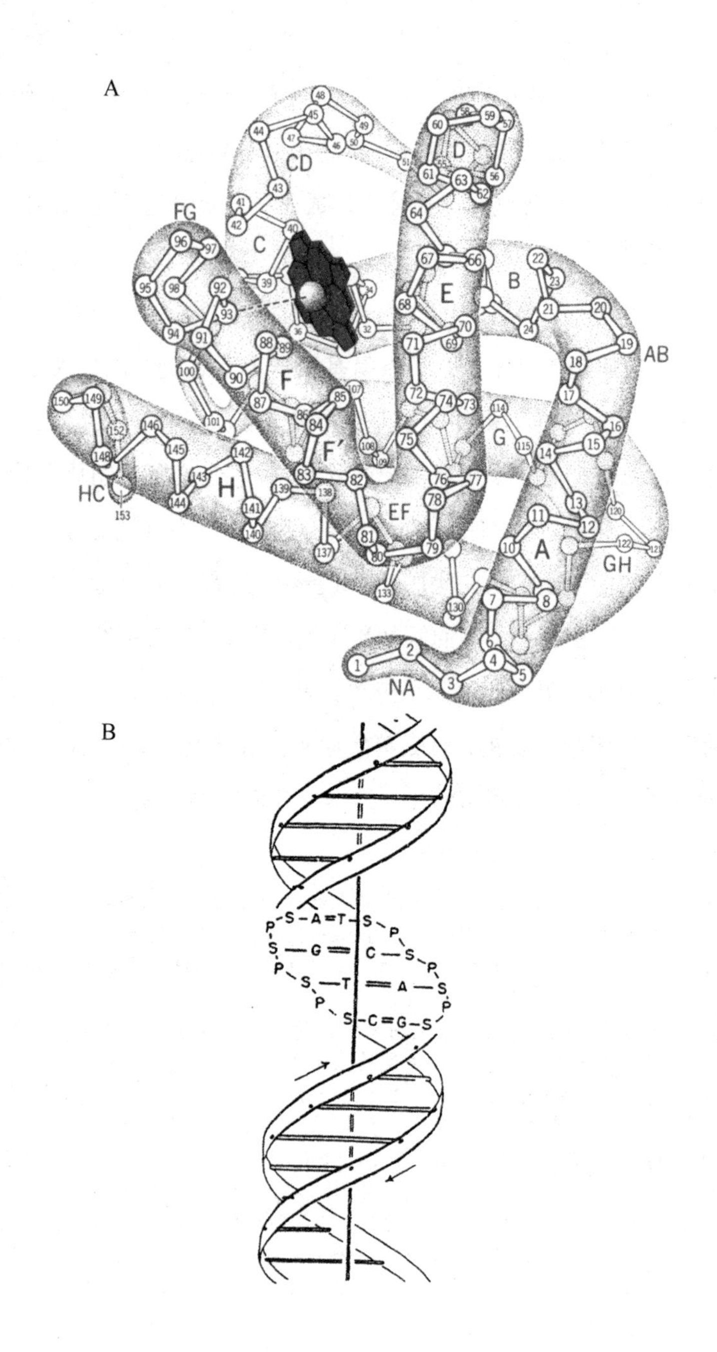
A
CD
FG
C
D
E
B
AB
F
F′
G
H
HC
EF
A
GH
NA
B
P-S-A=T-S-P
S-G═C-S
P-S-T═A-S
P-S-C=G-S-P

对于不同的物种中相同的酶或蛋白质三维结构的研究表明，进化上差距极大的物种，例如细菌与哺乳动物间，尽管它们的氨基酸序列已经发生了巨大的改变，它们的蛋白结构经常存在相当大的相似性。我们在前文中提到的肌球蛋白就是一个例子，它在苍蝇的眼睛与哺乳动物的耳朵中都参与了信号传导。这种基本的相似性意味着（尽管十分令人惊讶），在酵母细胞中，往往可以通过引入具有相同功能的植物或动物基因而对代谢的缺陷进行纠正。通过细胞内一段人类基因的表达，具有由突变引起的铵盐摄取缺陷的酵母细胞被“治愈”了（这段基因用来编码Rh血型功能蛋白RhGA，该蛋白可能具有相应的功能）。野生型（未突变）酵母细胞中的这种蛋白与人类RhGA 蛋白在氨基酸上具有许多区别，然而在这个实验中，人类蛋白质却能够在缺少相应自体蛋白的酵母细胞中发挥作用。这个实验的结果也告诉我们，一个氨基酸序列被改变的蛋白质，有时也同样能够正常发挥作用。

生物共同的遗传基础

对于所有的真核生物（动物、植物，以及真菌）而言，遗传的物质基础在根本上是相似的。我们对于遗传机制的认识，是它通过某种物质（我们现在称作**基因**）对个体的许多不同性状进行控制。这一机制由格雷戈尔·孟德尔首先在豌豆中发现，但相同的遗传定律也适用于其他植物以及动物，包括人类身上。控制酶及其他蛋白产生（由此决定个体的特性）的基因是每个细胞中**染色体**所携带的DNA片段（图6、图7）。人们最早在黑腹果蝇中发现

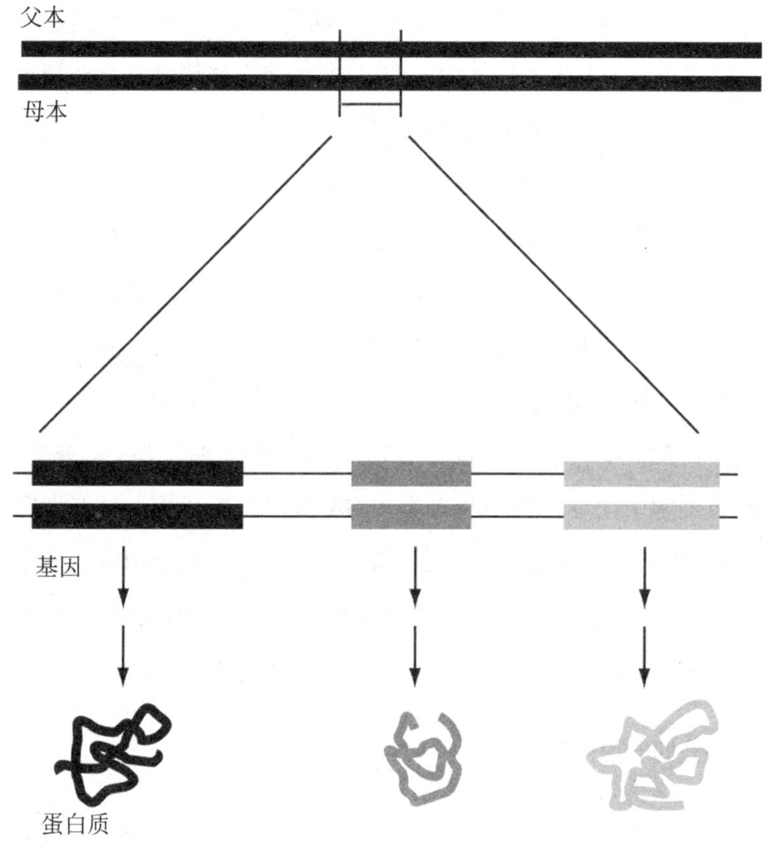

图6　一对染色体的图示，另有一个放大的示意图展示分布在该染色体上的三个基因，以及它们之间的非编码DNA。这三个不同的基因采用不同的灰度进行表示，表明每个基因都为不同的蛋白质编码。在实际的细胞中，这些蛋白中只有一部分能产生，其他的基因将被关闭，因此它们所编码的蛋白将不会形成

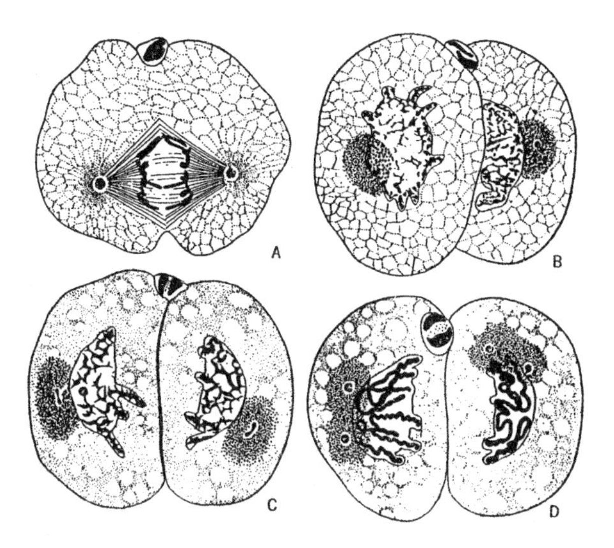

图7　一个正在分裂的线虫细胞，显示染色体不再被包裹在细胞核膜之中（A）；分裂过程中的不同时期（B、C）；以及最终形成的两个子细胞，每个子细胞都具有一个被核膜包裹的细胞核（D）

基因在染色体上呈线性排列，这个规律同样适用于我们自身的基因组。染色体上的基因顺序在进化过程中可能会发生重新排列，不过这种变化发生的概率极小，因此我们可以在人类以及其他哺乳动物（例如猫、狗）的染色体上发现呈现相同顺序的相同基因。一条染色体本质上就是一个有着成千上万个基因的相当长的DNA分子。染色体DNA与蛋白质分子结合，这些蛋白质负责在细胞核中将DNA分子包裹成整齐的卷（类似整理电脑数据线的工具）。

在更高等的真核生物，例如我们人类身上，每个细胞中都包含一套来源于母亲卵细胞核的染色体，以及一套来源于父亲精细胞核的染色体（图6）。在人类体内，父系或母系序列各有23条不同的染色体；在遗传学研究中常用的黑腹果蝇体内，染色体的数量是5（其中一对很小）。染色体携带有详细说明生物体蛋白质氨基酸序列所需的信息，同时还有决定什么蛋白将被生物体生产出来的调控DNA序列。

基因是什么？它如何决定一个蛋白质的结构？基因是**基因编码**的四个化学“字母”的排列，在它之中，三个相邻的字母（**三联体**）对应着该基因所编码的蛋白质中的一个氨基酸（图8）。基因序列被“翻译”成为蛋白质链上的序列；同时还有三联体标记氨基酸链的终点。基因序列上的改变导致了突变。这种改变中的大多数会使蛋白质在生产过程中出现一个不一样的氨基酸（但是，由于具有64种可能的DNA三联体字母，却只有20种氨基酸被用于蛋白质生产，有些突变将不会改变蛋白质序列）。纵观整个地球上的生物体，它们的基因编码差异非常微小，这充分说明了地球上的所有生物可能有一个共同的祖先。基因编码首先在细菌与病毒中进行研究，但很快就在人类身上验证并发现了共通性。在人类血红蛋白中，这个编码可能引起的几乎所有突变都已被人类检测到，但从来没有检测到对此特定编码来说不可能实现的突变。

为了生产出蛋白质产物，基因的DNA序列首先需要复制出一条“信使”，由相关联的RNA（核糖核酸）分子构成，它的“字母”序列由一种复制酶从原基因的序列中复制过来。信使RNA与一种由蛋白质聚合物和其他RNA分子组成的精巧的细胞器共

人	aac	cag	aca	gga	gcc	cgg	tgc	ctg	gag	gtg	tcc	atc	tct	gac	ggg	ctc	ttc	ctc	agc	ctg
蛋白质	Asn	Glu	Thr	Gly	Ala	Arg	Cys	Leu	Glu	Val	Ser	Ile	Ser	Asp	Gly	Leu	Phe	Leu	Ser	Leu
人	aac	cag	aca	gga	gcc	cgg	tgc	ctg	gag	gtg	tcc	atc	tct	gac	ggg	ctc	ttc	ctc	agc	ctg
黑猩猩	aac	cag	aca	gga	gcc	cgg	tgc	ctg	gag	gtg	tcc	atc	CcT	gac	ggg	ctc	ttc	ctc	agc	ctg
													Pro							
狗	aac	cag	acC	ggG	Ccc	cgg	tgc	ctg	gag	gtg	tcc	att	CcC	Aac	ggg	ctG	ttc	ctc	agc	ctg
			*	*	Pro								Pro	*		*				
老鼠	aac	cag	Tca	gAG	CcT	Tgg	tgc	ctg	TaT	gtg	tcc	atc	CcA	gaT	ggC	ctc	ttc	ctc	agc	ctA
			Ser	Glu	Pro	Trp			Tyr				Pro	*	*					*
猪	aac	cag	acG	ggC	Ccc	cAg	tgc	ctg	gag	gtg	tcc	atT	CCC	gac	ggg	ctc	ttc	ctc	agc	ctg
					Pro	Gln						*	Pro							

人	ggg	ctg	gtg	agc	ttg	gtg	gag	aac	gcg	ctg	gtg	gtg	gcc	acc	atc	gcc	aag	aac	cgg	aac
蛋白质	Leu	Gly	Leu	Val	Ser	Leu	Val	Glu	Asn	Ala	Leu	Val	Val	Ala	Thr	Ile	Ala	Lys	Asn	Arg
人	ggg	ctg	gtg	agc	ttg	gtg	gag	aac	gCg	ctg	gtg	gtg	gcc	acc	atc	gcc	aag	aac	cgg	aac
黑猩猩	ggg	ctg	gtg	agc	ttg	gtg	gag	aac	ATg	ctg	gtg	gtg	gcc	acc	atc	gcc	aag	aac	cgg	aac
									Met											
狗	ggg	ctg	gtg	agc	Gtt	gtg	gaa	aaT	gTg	ctg	gtg	gtg	gcc	Gcc	atT	gcc	aag	aac	cgC	aa
					*			*	Val					*	*				*	
老鼠	ggg	ctg	gtg	agt	Ctg	gtg	gag	aaT	gTg	ctg	gtT	gtg	ATA	Gcc	atc	Acc	aaa	aac	cgC	aac
				*	*			*	Val		*		*	*					*	
猪	ggg	ctg	gtg	agC	ctC	gtg	gag	aac	gTg	ctg	gtg	gtg	gcc	Gcc	atc	gcc	aag	aac	cgC	aac
									Val					*					*	

图8　人类及部分哺乳动物中促黑激素受体蛋白（见图4）部分基因的DNA与蛋白质序列。图中仅显示了该蛋白中全部951个氨基酸中的40个。人类DNA序列在最上方，每三个DNA字母之间有空格，蛋白序列用灰色标记在下方（用三字母的代码表示不同氨基酸）。其他的物种见下排。与人类基因不同的DNA序列用大写字母标记。与人类DNA序列存在不同的三联体密码，如果它们为相同的氨基酸编码，则用星号标出；而编码与人类蛋白质序列不同的氨基酸的三联体则突出标示。许多拥有红色头发的人在三联体151位置上存在氨基酸的变化

同作用，将RNA中携带的信息翻译出来并产生出该基因所指定的蛋白质。这个过程在所有的细胞中本质上都是相同的，尽管在真核细胞中这个过程发生在细胞质里，信使RNA必须首先从细胞核中来到翻译过程所发生的细胞区域。在染色体中，这些基因之间是不编码蛋白质的DNA片段，这些**非编码**DNA中的一部分具有重要的作用，它们是结合蛋白的结合位点，而这些结合蛋白将根据需要开启或关闭信使RNA的产生。例如，为血红蛋白编码的基因在发育成为红细胞的细胞中被开启，而在大脑细胞中则被关闭。

尽管不同生物的生活方式存在巨大差异——从单细胞生物到由亿万个细胞组成、具有高度分化组织的机体，真核细胞中所进行的细胞分裂过程都是类似的。单细胞生物，例如变形虫或酵母菌通过分裂出两个子细胞而进行繁殖。由卵子与精子融合而成的多细胞生物的受精卵，同样分裂出两个子细胞（图7）。而后发生了更多轮的细胞分裂，产生各类细胞与组织，构成成熟生物体。在一个成年的哺乳动物体内，有300多种不同类型的细胞。每一种类型的细胞都有它特有的结构，产生特定类型的蛋白质。这些细胞在发育过程中于组织与器官中的分布与排列，是一项需要对发育胚胎细胞间相互作用进行精密控制的工作。基因或被开启或被关闭，以保证对的细胞在对的地点、对的时间产生出来。在某些被透彻研究的生物，例如黑腹果蝇中，我们已充分了解到这些相互作用如何使得果蝇从看起来无差别的受精卵最终发育成为复杂的躯体。人们发现，许多特定组织（例如神经）发育与分化过程中的信号传导过程，在所有的多细胞动物中都普遍存在着；而陆生植物则使用一套截然不同的体系，也许正如化石记录所显示的那样，多细胞动物与植物有着不同的进化源头（见第四章）。

当细胞分裂时，染色体中的DNA首先会复制，因此每个染色体都有两份。细胞分裂过程被精密控制，以确保对产生的DNA序列进行细致“校对”。在细胞中含有某些酶，它们依靠DNA复制方式中的某些特性，将新产生的DNA与旧的“模板”DNA区分开来。这使得复制过程中发生的大多数错误能够被检测和纠正，保证了细胞在进入下一个阶段——细胞自身的分裂过程前，模板DNA被完全准确地进行复制。细胞分裂的机制保证了每个子细胞都接收到了与母细胞完全相同的一套染色体（图7）。

大多数原核生物的基因（包括许多病毒的基因）同样也是DNA序列，它们的组成与真核生物染色体中的DNA有一些微小的区别。许多细菌的遗传物质只是一个环状DNA分子。然而，一些病毒，例如引起感冒以及艾滋病的病毒，它们的基因由RNA构成。DNA复制过程中的校对工作不会在RNA复制过程中进行，因此这些病毒的突变率异常之高，它们可以在宿主的体内飞速进化。就像我们将在第五章中描述的，这意味着研发针对它们的疫苗的难度很大。

真核动物与原核动物在非编码DNA数量上差异巨大。大肠杆菌（一种生活在我们肠道中通常无害的细菌）拥有约4300个基因，其中能够为蛋白质序列编码的基因约占其全部DNA的86%。

与之相对的是人类基因组中为蛋白质序列编码的基因占整个DNA总量的不到2%。其他的物种位于这两个极值之间。黑腹果蝇在全部1.2亿个DNA“字母”里拥有约1.4万个基因，约有20%的DNA由编码序列组成。我们还无法准确知道人类基因组中不同基因的数量。目前为止最精确的计数来自全基因组测序。它使得遗传学家们能够基于从已有基因研究中获得的信息，识别出可能为基因的序列。组成各类物种基因组，特别是人类自己的基因组（它的DNA数量是果蝇的25倍）的DNA浩如烟海，从其中发现这些序列是一项艰巨的任务。人类基因的数量大约是3.5万，比人们根据不同功能的细胞与组织种类所推测出的数量要少得多。一个人能够产生的蛋白质数量也许会远远大于这个数字，因为我们用来计数的方法不能检测到很小或非常规的基因（例如，包含在其他基因内部的基因，这种现象存在于许多生物中）。现在尚不清楚非编码DNA对于生物的生命有多么重要的作用。尽管其中很大一部分是由生活在染色体中的病毒及其他寄生体组成，但它们中的一部分拥有重要的作用。如上文所述，在基因之外存在一些DNA序列，它们可以与那些控制细胞中基因“开关”的蛋白质相结合。对基因活动的这种控制在多细胞生物中肯定具有比在细菌中远为重要的作用。

除了发现截然不同的生物都把DNA作为其遗传物质，现代生物学还揭示了真核生物生命周期中更为深刻的相似性，尽管也存在差异性——从单细胞的真菌如酵母菌，到一年生的动植物，再到长寿（尽管不是长生不老）的生物如我们人类及许多树木。许多真核生物（尽管不是所有）在每一代中都存在有性繁殖阶段，在这个阶段中，融合的卵子与精子中来自母亲与父亲的基因组（分别由n条不同染色体组成，这是我们所讨论的物种所特有的）相互结合，形成一个具有$2n$条染色体的个体。当动物产生新的卵子或精子时，这种n的情形通过一种特殊的细胞分裂方式又重新形成。在这种分裂方式中，每一对父本与母本的基因都排列好，在互相交换遗传物质形成父本与母本基因的嵌合体之后，染色体对彼此分开，与其他细胞分裂过程中新复制出的染色体彼此分开类似。在这个过程的最后，每个卵细胞核或精子细胞核中的染色体数目减半，但是每个卵子或精子都有一套完整的生物基因。在受精过程中，当卵子与精子的细胞核融合时，又重新形成了二倍体。

有性生殖基本特征的进化一定远远早于多细胞动植物的进化，后者是进化舞台上的新人。这一点从有性生殖的单细胞与多细胞生物的繁殖共同点上可以清楚看出，同时在酵母与哺乳动物这般差异巨大的物种间发现了相似的参与控制细胞分裂与染色体行为的蛋白质与基因。在大多数单细胞真核生物中，二倍体细胞由一对单倍体细胞融合产生，它们随即分裂产生带n个染色体的细胞，其过程与上述多细胞动物的生殖细胞形成过程相似。在植物中，染色体数量由$2n$变为n的过程在精子与卵子形成前发生，但还是涉及同样类型的特殊的细胞分裂。例如，在苔藓植物中，有一个很长的生命阶段是由单倍体形成苔藓植株，在这种植株之上，精子与卵子形成并完成受精，之后开始短暂的二倍体寄生阶段。

在某些多细胞生物中不存在这种两种性阶段并存的模式。在这种“无性生殖”的物种中，亲本产生子代并不用经历染色体数量在卵子产生过程中从$2n$变为n。然而，所有的多细胞无性生殖物种都具有清晰地源自有性生殖的祖先的印记。例如，药用蒲公英是无性生殖的，它的种子不需要授粉就能够形成，而花粉对于大多数植物的繁殖来说是必须的。这对于像药用蒲公英这样的弱小物种来说是一个优势，它可以迅速产生大量的种子，家里有草坪的人都能亲眼看到。蒲公英属的其他物种通过个体间的正常交配进行繁殖，而药用蒲公英与这些蒲公英的亲缘关系如此之近，以至于药用蒲公英依然产生能够使有性生殖物种的花受精的花粉。

突变及其作用

尽管在细胞分裂的DNA复制阶段具有修正错误的校对机制，但是依然会产生错误，由此就产生了突变。如果突变导致蛋白质的氨基酸序列改变，这个蛋白质就有可能发生功能障碍；例如，它有可能不能正确地折叠，因此就可能无法正常工作。如果这个蛋白质是一个酶，就有可能会导致这个酶所在的代谢途径效率降低，甚至完全停滞，就像上文中提到的白化病突变的例子一样。结构或交流蛋白的突变可能会损害细胞功能，或是影响生物体发育。人类的许多疾病都是由此类突变导致的。例如，控制细胞分裂的基因的突变增加了癌症的发病风险。正如前文所述，细胞有精密的控制系统来保证它们只在一切准备就绪时（对突变的校对必须完成，细胞不能有被感染或有其他损害的迹象，等等）才进行分裂。影响这类控制系统的突变将会导致不受控制的细胞分裂，以及细胞系的恶性增殖。幸运的是，细胞中一对基因同时突变的概率很小，而一对基因中只要还有一个未突变的基因，通常就足以对细胞功能进行纠正。而一个细胞系要成功癌变还需要其他的适应条件，因此恶性肿瘤并不常见。（肿瘤需要血液供应，而细胞的不正常特性也必须躲过人体的监测。）然而，了解细胞分裂及其控制依然是癌症研究的重要内容。不同的真核生物细胞中这一过程是如此相似，以至于2001年的诺贝尔医学奖授予了酵母细胞分裂的研究，该研究证明了与酵母细胞控制系统相关的一种基因在一些人类家族性癌症中也发生了突变。

导致癌症的突变非常罕见，大多数导致其他疾病的突变也是一样。在北欧人群中，最普遍的遗传病是囊性纤维症，即使在这种情况下，相应基因的未突变序列也占全部人口基因数量的98%以上。那些导致重要的酶或蛋白质缺失的突变可能会降低该个体的生存或繁殖概率，由此，导致酶功能障碍的基因序列在下一代中的比例就会降低，最终就会被种群所淘汰。自然选择最主要的角色就是保持大部分个体的蛋白质及其他酶类正常运转。我们在第五章中将再次考察这一观点。

有一种重要的突变，它使得一种蛋白质无法由它的基因足量产生。这种情况通常是由于基因的正常控制系统出现了问题，可能是当基因应该被打开时没有及时打开，导致产物数量有出入，也可能是在合成过程完成前就停止了蛋白质的生产。其他的突变可能不一定阻止酶的产生，但可能会让酶出现缺损，就像一条生产线上如果有一件必需的工具或机器出现问题，那么整条生产线都会受到阻碍甚至是停产。如果蛋白质中出现一个或几个氨基酸的缺失，那么这个蛋白质可能无法正确发挥功能；如果在蛋白链上某个特定位置出现了异样的氨基酸，哪怕其他位置都一切正常，也会出现同样的情况。当自然选择不再发挥其筛选作用时，这种导致功能缺失的突变也可能对进化产生贡献（参见第二章与第六章中选择中性突变的传播方法）。约65%的人类嗅觉受体基因是“退化基因”，它们不产生有活性的受体蛋白，因此我们比老鼠或狗的嗅觉功能要差得多（这并不让人惊讶，毕竟相较于我们，嗅觉在它们的日常生活与交流中更为重要）。

同一个物种中的正常个体之间同样具有许多差异。例如，对于人类而言，不同个体对于特定化学物质的味觉或嗅觉感知能力有所不同，对用作麻醉剂的某些化学物质的降解能力也不同。缺少降解某种麻醉剂的酶的个体可能对该物质有强烈反应，但是这种酶的缺乏对于其他方面则不会有什么影响。相似的情况也出现在对其他药物或者食物的降解上，这是人类多样性的一个重要方面，关于这些差异的研究对于经常使用烈性药物的现代医学而言十分必要。

葡萄糖-6-磷酸脱氢酶（细胞从葡萄糖中获得能量的起始步骤所用的一种酶）的突变部分说明了上述差异。完全缺失此基因的个体将无法存活，因为在细胞能量产生过程中会产生有毒副产物，而这个酶参与的过程正是控制这种副产物浓度水平的关键所在。在人类种群中，有至少34种不同的该蛋白正常变体，它们不但能健康地存活，而且还能够保护它们的机体不受疟原虫侵害。这些变体与最常见的蛋白质正常序列存在着一个或几个氨基酸的差异。其中的一些变体在非洲及地中海地区广泛分布，在一些患疟疾的人群中，变异个体频繁出现。然而，在人们吃下某种豆子，或使用了某种抗疟疾药物时，其中的一些变异将导致贫血。著名的ABO血型及其他种类的血型是人类种群中常规多样性的又一例证：这些血型的产生是由于控制着红细胞表面蛋白质序列的多样性。促黑激素受体蛋白的多样性对于黑色素产生至关重要（图4），它能导致头发颜色差异。许多拥有红发的人，他们的这种蛋白中有一条氨基酸序列被改变。正如我们将在第五章中讨论的，基因的多样性是自然选择发挥作用产生进化改变的必不可少的原料。

生物分类、DNA与蛋白质序列

一组新的重要数据为生物体彼此间通过进化紧密相连提供了清晰的证据，这些证据来自它们DNA中的字母。现在我们可以通过DNA测序的化学过程“阅读”这些字母。300多年以来，通过对动物与植物的研究，基于表观性状的生物分类系统逐渐发展；在当今最新研究中，通过比对不同物种间DNA与蛋白质序列，这一系统获得了新的支持。通过测定DNA序列间的相似性，我们可以对物种间亲缘关系有一个客观的概念。这部分我们将在第六章中详述，现在我们只需要了解到，一个特定基因的DNA序列将与亲缘关系更相近的物种更为相似，而亲缘关系更远的物种的序列间差异则会更大（图8）。物种间差异的增加与两个被比较的序列分开的时间长度大致是成比例的。分子进化的这一特性使得进化生物学家们能够对那些化石资料无法确定的时间节点进行估算——用一种被称作**分子钟**的工具。例如，我们前文提到某一物种染色体上基因顺序发生改变，分子钟可以用来估算这种染色体重排的比例。与进化论观点一致的是，我们认为是近亲的物种，例如人类与猕猴，较之人类与新大陆的灵长类动物如绒毛猴，它们之间的染色体重排的差异更小。

在下一章中，我们将基于化石资料，根据现存物种的地理分布数据，对进化的证据进行阐释。这些观察结果补足了前面所述内容，表明进化理论为千姿百态的生物现象提供了一种自然的解释。

第四章

进化的证据：时空的印记

然而，人类的历史，不过是时间的长河中一道短暂的涟漪。

——摘自《论自然力的相互作用》

赫尔曼·冯·亥姆霍兹，1854

地球的年龄

18世纪末19世纪初，地质学家们成功地确认：地球现在的结构是长期不间断物理过程的产物；如果没有这一发现，人们不可能意识到生命由进化产生。其所使用的方法在本质上与历史学家和考古学家们所使用的方法相类似。正如伟大的法国博物学家布丰伯爵在1774年所写的那样：

> 正如在文明史研究中，我们查阅资料、研究徽章、破译前人的铭文，以便考证人类革命的新纪元、确定道德事件的发生时间，在自然界的历史中，我们也必须对整个地球的资料进行深入挖掘，从地球深处掘取古老的遗迹，把它们的碎片拼凑到一起，把这些物理变化的痕迹重新组合成为一个完整的证据，这个证据能让我们回到自然界的不同时代。这是在

这个广袤无垠的空间里确定一个时间点、在不朽的时光岁月里树立一座里程碑唯一的方式。

尽管有把问题过度简单化的风险，两种关键的见解依然为早期地质学带来了成功：**均变论**原则，以及采用**地层学**划分年代。均变论与18世纪后期爱丁堡的地质学家詹姆斯·赫顿有着紧密的联系，并在之后由另一位苏格兰科学家查尔斯·赖尔在他的著作《地质学原理》（1830）中系统成文。该理论只不过是将天文学家用来理解遥远的恒星与行星的原理应用于地球构造的历史中，即其中所涉及的基本物理过程在任何时间、任何地点，都被认为是相同的。随着时间的推移而发生的地质变化反映了物理规律的作用结果，而物理规律本身是不变的。例如，物理定律表明，太阳与月亮的引力作用造成的潮汐所带来的摩擦力，必定使地球的转速在数百万年间减慢了。现在一天的时间比地球最初产生时一天的时间要长得多，但引力的大小并没有变化。

当然，并没有独立的证据证明这种均匀性的假设，就像没有任何有逻辑性的证据支持自然界具有规律性的设想，而这一设想正是我们日常生活最基本层面的基础。事实上，这两种假说之间并不存在区别，只是它们所应用的时间与空间尺度不同。它们的支持证据是：首先，均变论代表了可能的基础中最简单的一种，在此基础上我们能够对时间与空间上非常久远的事件进行诠释；其次，它已取得了令人瞩目的成功。

地质学上的均变论假说认为：火山活动及江河湖海的沉积物

形成新的岩石，风、水流与冰的作用侵蚀古老的岩石，这些作用的累积结果在当今地球表面的构造中得到了体现。**沉积岩**（例如砂岩或石灰岩）的形成有赖于其他岩石的侵蚀。与之相对，火山作用或地震导致陆地上升形成山脉必定发生在岩石被侵蚀前。可以观察到的是，这些过程在今天依然在继续；去过山区的人们，特别是在一年之中冰雪冻结及消融时节去的人们，一定能观察到岩石的侵蚀作用，以及形成的碎片顺着河流被冲到下游。在河口，我们也很容易观察到堆积的沉积物。火山与地震活动局限在地球上某些特定的区域，特别是大陆的边缘和大洋的中心，其原因现在已广为人知，不过火山运动形成新的海岛、地震导致陆地上升的事件记录也为数不少。在《小猎犬号航海记》中，达尔文记录了1835年2月在智利发生的一次地震带来的后果：

> 这次地震最让人印象深刻的后果就是陆地的永久性上升；可能把它称作原因更为恰当些。毫无疑问康塞普西翁湾附近的土地上升了两三英尺……圣玛利亚岛（约30英里外）的上升更加显著；在其中一块地方，费兹洛伊船长在高水位线之上10英尺的地方发现了**依然附着在岩石上的**腐败的贻贝壳……这块区域的抬升特别有意思，它已经成为一系列剧烈的地震集中的舞台，在它的陆地上，散布着数量巨大的贝壳，累积的高度达600甚至是1000英尺。

依照这些过程，地质学极为成功地解释了地表或地表附近区域地球的结构，同时重建了造成地球上诸多区域如今形态的地质事件。这些事件的先后顺序可以通过地层学的原理进行确定。人们用在不同岩层中发现的矿物成分与化石分布来描述不同岩层的特征。化石是早已死亡的植物和动物被保存下来的残骸而非矿物质形成的人工制品，这一认识是地层学获得成功的关键。在特定的沉积岩层中发现的化石种类能够提供它所形成的时代的环境信息。例如，我们通常可以分辨出该生物是海生、淡水生还是陆生。当然，在花岗岩或玄武岩这类由地壳以下熔融的物质所凝结成的岩石之中，并没有发现化石的踪迹。

19世纪早期，英国的河道工程师威廉·史密斯在走遍大不列颠修筑运河的过程中，发现在大不列颠岛上的不同区域存在相似的岩层变化（对面积如此小的土地来说，其不同时期的岩石种类异乎寻常地多）。基于旧岩层通常位于新岩层之下的原则，不同区域岩层演替的比较使得地质学家能够重建过去极为漫长的时间里岩层依次形成的顺序。如果在一个地点，A岩石位于B岩石之下，而在另一地点B岩石位于C岩石之下，我们可以推出顺序为A—B—C，即便A与C从未在同一个地点被发现。

19世纪的地质学家对这种手段的系统应用使得他们能够确定地质年代的大致分布（图9）。这种分布是一个相对而非绝对

图9　地质年表的大致划分。上表展示了寒武纪以来的各个被命名的时代，在这个时间段里，发现的化石数量最多（而它占地球年龄不到1/8）。[①]下表展示了地球历史上发生的重要事件

---

① 表中第三纪最后给出的地质时代开始时间，数据与最新地质年代表有一定的出入。依据最新的地质学研究，第三纪现分为古近纪（含古新世、始新世和渐新世）和新近纪（含中新世和上新世）。——译注，下同

代	纪	世	距今
新生代	第四纪	全新世	1万年
		更新世	200万年
	第三纪	上新世	700万年
		中新世	2600万年
		渐新世	3800万年
		始新世	5400万年
		古新世	6400万年
中生代	白垩纪		1.36亿年
	侏罗纪		1.90亿年
	三叠纪		2.25亿年
古生代	二叠纪		2.80亿年
	石炭纪		3.45亿年
	泥盆纪		4.10亿年
	志留纪		4.40亿年
	奥陶纪		5.30亿年
	寒武纪		5.70亿年

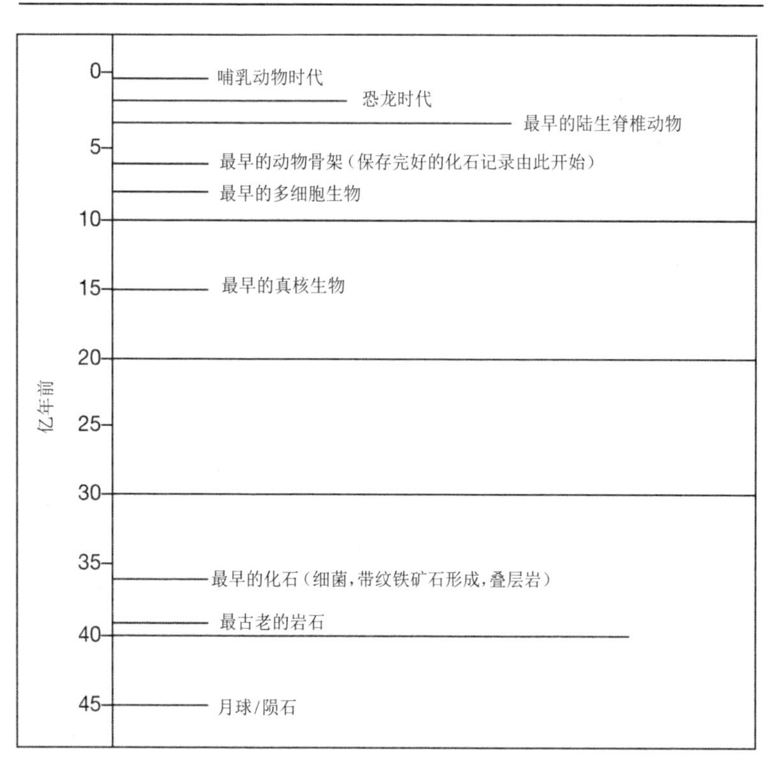

的年代表，要确定绝对的时间需要有方法对这个过程中所涉及的每一步的速率进行校正，而这样做是极为困难的，且不说精度如何。景观形成的过程十分缓慢，岩石的侵蚀每发生几毫米都需要许多年时间，沉积岩的形成也相应地十分缓慢。与之相似，即使在造山运动最活跃的区域，例如安第斯山脉，陆地上升的速率也不过是平均每年零点几米。在地球上的许多地方，由上述方式形成的沉积岩已经有数千千米的深度，且有证据表明，被侵蚀的沉积物也与之相去不远——鉴于这些，人们很快意识到，地球存在的时间至少得有数千万年，这与《圣经》所记载的年表是矛盾的。赖尔在此基础上提出：第三纪持续了约8000万年，而寒武纪则开始于2.4亿年之前。杰出的物理学家开尔文勋爵并不同意地球具有如此长的历史，他认为，如果地球真的已形成超过一亿年，那么最初那个熔融状态的地球的冷却速率将使得地球的中心比它实际上的温度要低很多。开尔文的计算在当时的物理学背景下是正确的。然而，在19世纪末，人们发现了不稳定的放射性元素——例如铀，能够衰变成为更为稳定的衍生物。这个衰变过程伴随着能量的释放，这些能量足以使得地球的冷却速率减慢，直至与它当前的预测年龄相符的数值。

放射性也为确定岩石样本的年代提供了全新而可靠的手段。放射性元素原子衰变成为更为稳定的子元素，并释放出辐射，这一速率是每年恒定的。当岩石产生时，可以假设其中我们所关注的元素是单一的；而后，当我们检测到样本中衰变所获得的子元素的比例，如果通过实验知晓衰变的速率，我们就能够估计这块岩石的形成时间。不同的元素可以用来测定不同时期的岩石。通过这一技术可以确定不同地质年代岩石的年代，这为我们提供了如今所公认的时间节点。尽管方法经常更新，而所确定的时间点也在不断地修正，但它们所预测的大致时间序列十分清晰（图9）。它为生物进化的发生，划定了一个广阔到不可思议的时间范围。

化石记录

化石记录是生命历史留给我们的唯一直接的信息来源。为了正确地对其进行诠释，我们需要了解化石是如何形成的，以及科学家们如何对化石进行研究。在植物、动物或者微生物死亡后，它们的柔软部分几乎一定会迅速降解。只有在某些特殊的环境中，例如沙漠干燥的空气中或是琥珀具有保护作用的化学物质里，负责降解的微生物才不能对这些软组织进行分解。人们发现了许多值得关注的保存软组织的例子，有些甚至可以追溯到几千万年之前，例如被困在琥珀中的昆虫。但是，这些与其说是规律，不如说是例外。甚至连骨架结构，例如昆虫与蜘蛛体外覆盖的坚硬几丁质，或是脊椎动物的骨骼与牙齿，最后都会被降解。不过，它们降解的速率相对更慢一些，这让矿物质有机会渗透其中，最终取代其中的有机物（这种现象有时也发生在软组织之中）。若非如此，它们也许会形成一个具有它们的轮廓、被沉积的矿物质包围的空壳。

化石最有可能在水生环境中形成。在江河湖海的底层，矿物质沉淀、沉积物形成。尽管对于某个特定个体，形成化石的概率非常小，但沉到底层的残骸仍有机会变为化石。因此化石记录的结果存在非常大的偏差：生活在浅海的海洋生物，由于沉积物不断形成，其化石记录是最好的，而飞行生物的化石记录则最糟糕。此外，沉积物的形成可能会被打断，例如气候变化或者海底抬升。对于许多类型的生物，我们几乎没有它们的化石记录；而对于其他一些生物，化石记录曾经中断过许多次。

对于这种被中断的不完整性带来的问题，腔棘鱼是一个很好的例证。这是一种拥有分裂鱼鳍的硬骨鱼类，它的祖先是最早登上陆地的脊椎动物。腔棘鱼在泥盆纪时期（4亿年前）曾大量存在，但是随后就逐渐减少。距今最近的腔棘鱼化石要追溯到约6500万年前，很长时间以来，人们都认为这类生物已经灭绝了。直到1939年，非洲东南海上科摩罗群岛的渔民捕获了一条长相怪异的鱼，最后人们发现它就是腔棘鱼。于是随后科学家们能够对活腔棘鱼的习性进行研究；而在印度尼西亚，人们又发现了一个新的腔棘鱼群。腔棘鱼在一段极为漫长的时间里一定都存在着，但是并没有留下任何化石证据，因为它们的数量很少，而且生活在海洋的深处。

化石记录的中断意味着人们很难找到一系列长时间不间断的生物遗迹，以此展现进化的假说所需要的或多或少的连续变化。在大多数的例子中，新种类的动植物在化石中第一次出现时都没有表现出与它们早期形态存在任何显著的关联。最著名的例子是“寒武纪大爆发”：大部分重要类别的动物，作为化石首次出现都集中在寒武纪时期，即5.5亿至5亿年前（这部分将在第七章中再次讨论到）。

不过，正如达尔文在《物种起源》中所坚决主张的，化石记录的基本特性为进化提供了有力的证据。自达尔文的时代以来，古生物学家们的发现一次又一次地巩固了他的论述。首先，人们发现了许多过渡物种的实例，这些物种将原先被认为中间有着不可逾越的鸿沟的物种连接起来。始祖鸟也许是其中最著名的生物，在《物种起源》一书出版后不久，人们发现了这种既像鸟又像爬行动物的物种的化石。始祖鸟化石非常罕见（现存只有六个样品）。它们来自约1.2亿年[①]前侏罗纪时期的石灰岩，这种岩石沉睡在德国一个大湖湖底。这些生物有着被拼接起来的特征，有些特征像现代的鸟类，例如羽毛与翅膀，而有些又像爬行动物，例如长着牙齿的颚（而不是像鸟一样的喙），以及长长的尾巴。它们的骨架结构中很多细节都与同时期的恐龙极为相似，但是始祖鸟很明显会飞，这一点又与恐龙有所不同。随后，人们又发现了其他将恐龙与鸟类联系起来的化石，最近人们又发现了在始祖鸟之前还存在过长着羽毛的恐龙。其他重要的中间类型包括来自始新世（约6000万年[②]前）的哺乳动物化石，这些动物拥有前肢及简化的后肢以适应游泳。它们连接了现代的鲸类与偶蹄目食草动物，例如牛和羊。

随着人们取得越来越多的研究成果，许多化石记录的间断被填平了，对人类的研究就是一个很好的例证。在1871年达尔文关于人类进化的著作《人类起源》第一次出版时，人们尚未发现任何人类与猿之间相联系的化石证据。达尔文基于解剖学上的相似性，认为人类与大猩猩及黑猩猩之间的关系最为紧密，因此人类可能起源于非洲的祖先，而这些祖先同样也进化成为如今的猿

① 数据有误，应为1.5亿年。

② 数据有误，应为5000万年。

类。在此之后，人们发现了一系列的化石证据，通过前文所述方法精准地确定了其年代，而后新的化石证据被持续发现。这些化石中，距今越近的化石与现代人类越相似（图10）。能被明显地归入智人物种的最早化石被确定产生于距今只有几十万年之前。与达尔文的推断相一致的是，早期人类的进化很可能发生在非洲，而我们的祖先们可能在约150万年前首次抵达了欧亚大陆。

在时间序列上几乎不间断的化石例证也同样存在，由此可以确定，我们能够发现在进化上呈现单一谱系变化的化石记录。对海底沉积物挖掘结果的研究是最好的例证，从这类挖掘之中，我们能够

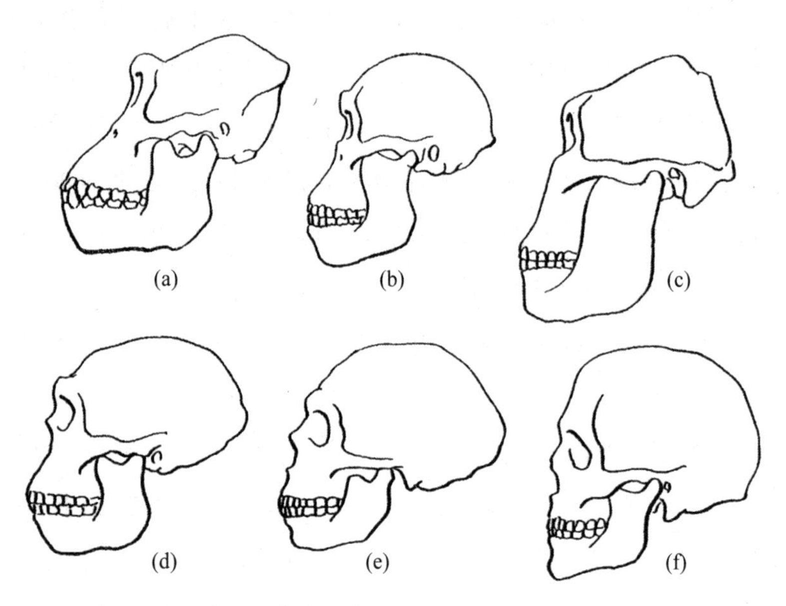

图10　某些人类祖先与近亲的头骨。(a)雌性大猩猩。(b)和(c)人类最早的近亲之一——南方古猿的两种不同化石(约300万年前)。(d)南方古猿与现代直立人之间的中间物种的化石。(e)尼安德特人的化石，距今约7万年。(f)现代人——智人

获得很长的岩层序列。这些岩石的主体由数不胜数的微生物化石组成，而上述研究使得我们能够精确判定这些微生物连续样本的形成年代。对这些生物（例如有孔虫*Globorotalia tumida*，一种单细胞海洋动物）骨骼外形的仔细测定使我们能够描述，在一段漫长时间里渐次演替的种群在总体水平与变化程度方面的特征（图11）。

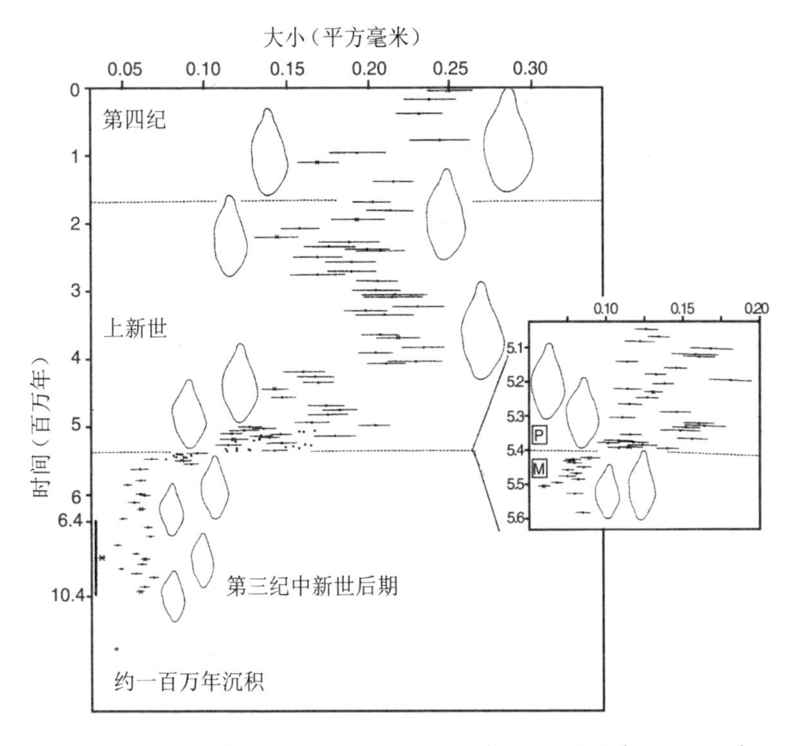

图11　化石中进化的渐变。此图展示了一种单细胞海洋甲壳动物——有孔虫*Globorotalia tumida*化石样品中身体大小的均值与范围。在这个谱系之中，除了两个明显的间断点外，身体大小顺次变化。在第三纪中新世后期与上新世的交界点，一组更为确切的化石（见小图）说明了那些较为粗略的化石中所观察到的不连续几乎完全反映了一段剧烈变化时期，因为大部分连续的样本都彼此重叠。对于400万年前的间断点，迄今为止还未发现化石信息

如果没有进化学说的支持，人们很难理解化石记录的基本特性，更不用说解释化石记录中过渡物种的存在。尽管寒武纪之前的化石记录非常不完整，但依然保存有超过35亿年前的细菌及与其相关的单细胞生物的遗骸。再经过很长一段时间，出现了更为高级的（真核生物）细胞的遗迹，但依然未发现多细胞生物出现的证据。由简单细胞群构成的生物直到约8亿年前才出现，在那个时期环境极其恶劣，地球上的大部分被冰雪覆盖。约7亿至5.5亿年前，有证据表明出现了有着柔软身体的多细胞动物。

正如前文中提到的，拥有硬质骨骼的动物遗骸直到5.5亿年前的寒武纪岩石中才被大量发现。在约5亿年前的寒武纪末期，有证据表明几乎出现了所有主要的动物类群，包括原始的像鱼一样的脊椎动物，这种动物缺少上下颌，类似现代的七鳃鳗。

直到这个时期，所有的生物都与海洋沉积物有关，而藻类是唯一有遗骸的植物，它没有陆地多细胞植物输送液体所需要的导管。4.4亿年前，有证据表明出现了淡水生物，而后孢子化石的发现表明最早的陆生植物开始出现，类似鲨鱼的有颌鱼出现在海洋之中。在泥盆纪时期（4亿—3.6亿年前），淡水与陆生生物遗骸变得更为普遍与多样化。有证据表明原始的昆虫、蜘蛛、螨虫与多足动物开始出现，同样也出现了简单的维管束植物以及真菌。有颌的硬骨鱼类也逐渐变得普遍，其中就包括肉鳍鱼类，它与出现在泥盆纪末期类蝾螈的早期两栖动物结构相似。这些是最早的陆地脊椎动物。

在地质记录的下一个时期，石炭纪（3.6亿—2.8亿年前），陆地生物形态变得丰富且多样化。在热带沼泽之中生长的树状植物的遗骸化石形成了煤炭沉积，这也是这个时期命名的由来，这种植物更类似于同时期的杉叶藻与蕨类，与当代的针叶树或阔叶树没有关系。在泥盆纪的末期，原始爬行动物的遗骸出现，这是第一种完全脱离水的脊椎动物。在二叠纪时期（2.8亿—2.5亿年前），爬行动物出现了一个巨大的分化，有些的结构特点与哺乳动物日益相似（似哺乳爬行动物）。一些现代的昆虫类型，例如臭虫、甲壳虫，开始出现。

在化石记录中可以发现，二叠纪末期出现了最大规模的生物灭绝，一些之前占据优势地位的物种，例如三叶虫突然完全消失，许多其他物种也几乎完全消失。在之后的恢复期，在海洋中与陆地上出现了许多新的物种。与现代的针叶树和阔叶树相似的植物在三叠纪时期（2.5亿—2亿年前）出现。恐龙、龟以及原始的鳄鱼出现了；就在三叠纪的末期，出现了最早的真正意义上的哺乳动物。与先驱们不同，它们的下颌含有一块与头盖骨直接相连的骨头（在爬行动物中组成这个连接的三块骨头进化成为哺乳动物耳朵里的三块听小骨，见第三章第16页）。与现代鱼类相似的硬骨鱼类在海洋中出现了。在侏罗纪时期（2亿—1.4亿年前），哺乳动物开始或多或少地分化，但是陆地依然被爬行动物，特别是恐龙所统治。会飞的爬行动物与始祖鸟类出现了。苍蝇与白蚁首次出现，在海洋中出现了蟹类与龙虾。直到白垩纪时期（1.4亿—6500万年前），有花植物才进化出现——它们是主要生物中最晚进化出现的。现代主要的昆虫类型在这个时期都出现了。

有袋类哺乳动物（有袋目）在白垩纪中期出现，与现代胎盘哺乳动物相似的类型在白垩纪末期也被发现。恐龙依然数量庞大，尽管在这个时期行将结束时出现了减少。

伴随着白垩纪的结束是史上最著名的物种灭绝事件，与一颗在墨西哥尤卡坦半岛着陆的小行星有关。所有的恐龙（除了鸟类）都消失了，一同消失的还有许多曾经在陆地与海洋中普遍存在的生物。接下来便是第三纪，它一直延续到大冰河世纪（约200万年前）的到来。在第三纪的第一阶段（6500万—3800万年前），胎盘哺乳动物的主要类型出现。最初，它们多半与现代的食虫类动物，例如鼩鼱相似，但是在这个时代的末期，其中的一些变得相当独特（例如我们能够辨认出鲸与蝙蝠）。大多数的主要类别的鸟类与现代的无脊椎动物在这个时期出现，除了禾本科之外的所有主要有花植物也出现了。与现代种类基本一致的硬骨鱼数量增多。在3800万至2600万年前之间出现了草原，同样也出现了类马的食草动物，它们拥有三个趾头，而不是现代马的单个趾头。原始的猿类同样出现了。2600万至700万年前，在北美出现了大片的草原，拥有短侧脚趾与高冠齿、适应食草的马类出现。许多有蹄类动物，例如猪、鹿与骆驼，还有大象也开始出现。猿与猴子分化越来越大，尤其是在非洲。在700万至200万年前，海洋生物本质上较为接近现代，尽管其中很多物种如今已经灭绝。在此时期，出现了最早的具有明显人类特征的动物遗骸。在第三纪的末期（200万—1万年前），是一连串的冰期。大多数的动植物基本具备现代形态。最后一个冰期的末期（1万年前）至今，人类统治了陆地，许多大型哺乳动物开始灭绝。一些化石证据证明了这个时期的进化改变，例如在海岛上许多大型哺乳动物的矮型种的进化。

因此，化石记录表明生命起源于30亿年前的海洋，在10亿多年中，只存在着与细菌相关的单细胞生物。这正是进化模型所预期的；将基因编码转化成为蛋白质序列所需的装置，以及哪怕是最简单细胞的复杂结构，它们的进化必定需要许多步骤，其具体过程几乎超出了我们的想象。之后化石记录中出现的真核细胞的明显证据，以及它们总体上比原核细胞更为复杂的结构，与进化论也是相一致的。这同样适用于多细胞生物，从单个细胞发育而来的它们需要精密的信号传递机制以控制生长与分化，而这些在单细胞物种出现之前不可能进化出现。一旦简单的多细胞生物进化形成，可以理解的是它们会迅速分化成为各种形态，以适应不同生存类型，正如寒武纪所发生的那样。我们将在下一章中讨论适应与分化。

从进化的角度来看，生命在相当长的一段时间里只属于海洋这个事实也变得很好理解。在地球历史的早期，有地质证据表明大气层中的氧气非常稀薄，于是缺少了由氧形成、能够阻挡紫外线的臭氧层，使得陆地甚至淡水中的生物很难存活。一旦早期细菌与藻类的光合作用导致氧含量变得充足，这一重障碍便消失了，于是生物开始有可能涉足陆地。有证据表明在寒武纪之前一段时间大气中的氧气含量出现了上升，这也许促进了更大且更多的复杂动物的进化。同理可知，会飞的昆虫与脊椎动物化石在陆地动物之后出现也是理所当然的，因为真正的飞行动物不大可能从纯粹的水生生物进化而来。

从进化学角度分析，生物类型周期性地增多与分化，之后又大规模地灭绝（三叶虫与恐龙的遭遇）或减少至一两个幸存种（如腔棘鱼类），这一现象同样合乎情理。进化的机制并没有前瞻性，也不能保证它们的产物能够从巨大而突然的环境变化中幸存。同理可知，在进入一个新的栖息地后（例如入侵陆地），或是在一个占据优势的竞争种灭绝之后（例如在恐龙灭绝之后的哺乳动物），物种的迅速分化也符合进化原则的预期。

因此，基于生物学知识对化石记录的解释符合地质学家应用于地球历史的均变论原则。化石证据也可能存在一些不符合进化论的实例。据说，伟大的进化学家与遗传学家霍尔丹在被问到什么样的观测结果会让他放弃对进化论的信念时曾回答道："一只寒武纪之前的兔子。"迄今为止，还未发现此类化石。

空间上的印记

正如达尔文在《物种起源》的十五章中花费两章内容所描述的，另一组只有基于进化论才能解释的重要事实来自生物的空间而非时间的分布。其中最惊人的例证之一是那些海岛（例如加拉帕戈斯群岛与夏威夷群岛）上的动植物们。有地质证据证明这些群岛是由火山运动形成的，它们从未与大陆相连。根据进化理论，这种群岛上现存的生物一定是那些能够穿越这些新近形成的海岛与最近的已居住海岛之间遥远距离的生物的后代。这对我们可能观测到的结果造成了一些限制。首先，外来物种要在新形成的岛屿上定居，其难度可想而知，这意味着很少有物种能够生存下来。其次，只有那些具备某些特征，能够穿越数万海里大洋的物种才能最终扎根。再次，即使在这些能够扎根的物种之中，也存在着许多不确定因素，因为能够到达岛上的物种数量极少。最后，在如此偏远的岛屿之上，进化所能形成的许多类型在其他地方都不可能出现。

这些设想都被很好地验证了。与有着相似气候的大陆或沿海岛屿相比，海岛上主要生物群的种类的确相对较少。在海岛上发现的生物种类（在人类进驻之前），是其他地区的非典型物种。例如，岛上通常有爬行动物与鸟类，而陆地哺乳动物与两栖动物总是不存在。在新西兰，在人类进驻之前这里没有陆地哺乳动物，不过存在着两种蝙蝠。这说明蝙蝠能够横跨辽阔的海洋。在人类将许多物种引入之后，它们的疯狂蔓延说明当地的环境并非不适合它们生存。但即使是当地主要的动植物群，也经常出现整个群体消失的情况，而其他存活的物种也通常不成比例。因此，在加拉帕戈斯群岛上，陆地鸟类的种类只有20多种，其中14种是雀科鸟类，这些著名的雀类在达尔文搭乘小猎犬号环游世界时被记载在他的旅行手记中。这与地球上其他地区的情况不同，在其他区域，雀类只是陆地鸟类中一个很小的组成部分。这正符合我们之前的预期：最初，只有很少种类的鸟类进驻这座岛屿，其中的一种为雀类，而它们成了如今雀类物种的祖先。

正如这种观点所预期的，海岛的物种有着许多属于自身独一无二的特性，与此同时，它们也表现出与大陆物种之间的联系。例如，在加拉帕戈斯群岛上发现的植物种类中，有34%的物种从未在其他地区出现过。达尔文雀类的鸟喙大小与外形也比一般的鸟儿（通常拥有大而深的鸟喙，主要吃种子）要远为多样化，它们显然适应于不同的捕食模式（图12）。这些鸟喙中有些

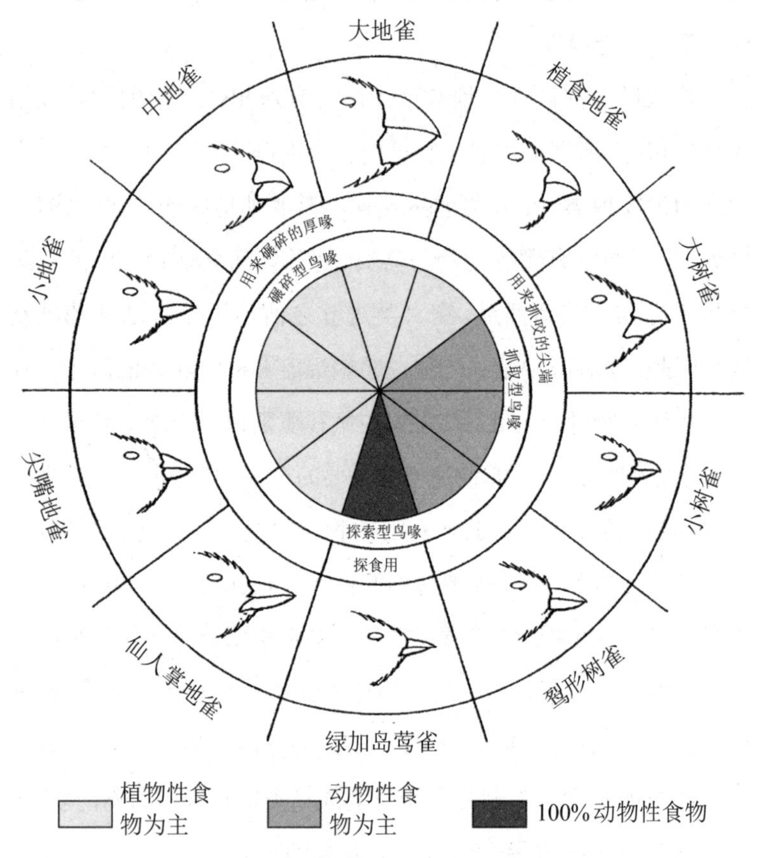

图12　达尔文雀类的鸟喙，展示了不同食性的物种的鸟喙在大小与形状上的差异

相当不同寻常，例如有着尖锐鸟喙的尖嘴地雀喜欢啄食筑巢海鸟的臀部，吸食它们的血液。䴕形树雀使用小树枝或仙人掌刺获取枯木中的昆虫。更为壮观的疯狂进化例证来自海洋岛屿中的其他类群。例如，夏威夷岛上的果蝇种类数量超过世界上其他任何地方，而它们在身体大小、翅膀样式以及进食习惯方面差异巨大。

如果这些海岛物种的祖先首次进入此岛屿时，发现这个环境里没有已经到达的竞争者，这些观察结果就容易理解了。这种情况将会容许它们进化出与新的生活方式相适应的特性，使得原先的物种分化成为几种不同的后代。尽管在达尔文雀类中发现了许多不同寻常的结构与行为上的变异，但采用第三章与第六章的方法对它们的DNA进行的研究表明，这些物种在约230万年前有着共同的祖先，与大陆的物种亲缘关系也非常接近（图13）。

正如达尔文在《物种起源》一书中描述加拉帕戈斯群岛上的居住者时所写到的：

> 在这里，几乎所有的陆地与水生生物都有着来自美洲大陆的明确印记。这里有26种陆生鸟类，古尔德先生把其中的25种归为特殊种，它们应该是生于斯长于斯的；但是它们中的大多数与美洲物种在习性、姿态、叫声等各种特征上的相似都是显而易见的。其他的动物也是如此，还有几乎所有的植物——正如虎克博士在他有关这片群岛上植物的绝妙回忆录中所写的。这位博物学家看到这些距离大陆几百英里

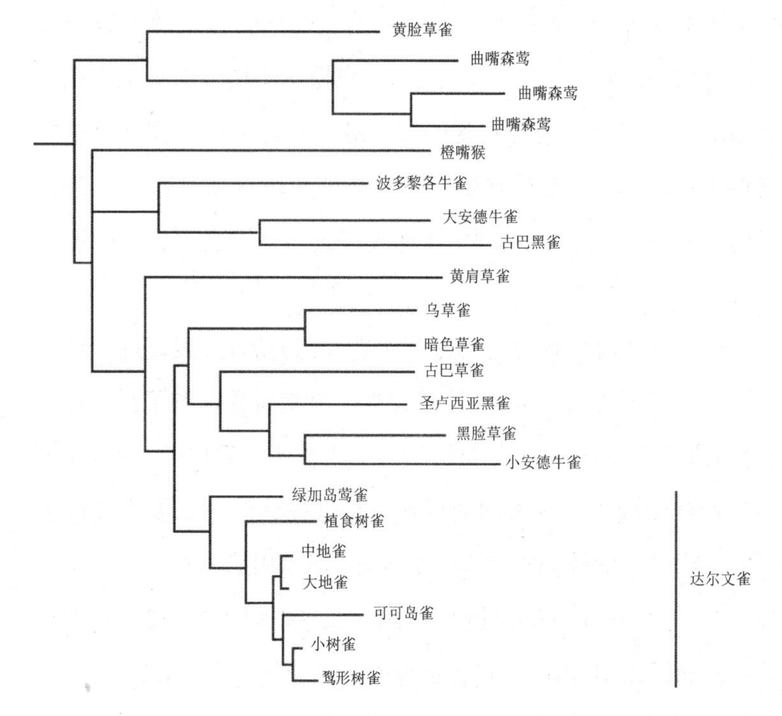

图13　达尔文雀类与它们近亲的系统发育树。这棵发育树是基于不同物种线粒体中一段基因的DNA序列的差异。水平分支的长度说明不同物种间差异的大小（从最接近物种的0.2%到最疏远物种的16.5%）。系统发育树表明加拉帕戈斯群岛上的物种很显然有一个共同的祖先，它们都有着相似序列的这个基因，与距今很近的祖先的序列相一致。与之相对的是，其他具有亲缘关系的雀类物种彼此间的差异要大得多

远、太平洋中的火山群岛上的生物时，依然觉得自己仿佛置身于美洲大陆上一般。为什么会这样呢？为什么这些本应该是加拉帕戈斯群岛上独创、别处都没有的物种，与美洲大陆上的物种会如此相似？它们的生存条件、地质特征、海拔或是气候，抑或是物种的组成结构，与南美洲沿岸的情况都

不密切相似。事实上它们之间在所有这些方面都存在相当大的区别。

毫无疑问，进化论为这些问题提供了解释，在过去的150年里对海岛生物的研究已经充分证明了达尔文的高瞻远瞩。

第五章

适应与自然选择

适应的问题

进化论的一个重要任务就是在生物间不同层次的相似性下解释生物多样性。在第三章中，我们强调了不同类群间的相似性，以及这些现象如何符合达尔文的后代渐变理论。进化论另一个主要的内容就是为生物的“适应”提供科学的解释：它们良好的工艺设计外观，它们与不同生活方式相适应的多样性。这些都使得本章成为本书中最长的一章。

适应的经典例子数不胜数，我们将举出其中的几个来说明问题的本质。不同类型的眼睛的多样性本身就非常令人惊讶，不过与不同动物所生活的不同环境相联系来看就可以理解。在水底使用的眼睛与在空气中使用的不同，捕食者的眼睛具有特殊的适应性，能够看穿被捕食者进化出的伪装。许多水底的捕食者捕食透明的海洋生物，它们的眼睛有着特殊的增强对比度的功能，包括紫外线透视以及偏振光透视。另一个著名的适应例子是鸟类翅膀中中空的骨头，它们的内部支杆与飞机机翼非常相似（图14）；还有就是动物关节处精巧的结构，其表面使得移动的部分能

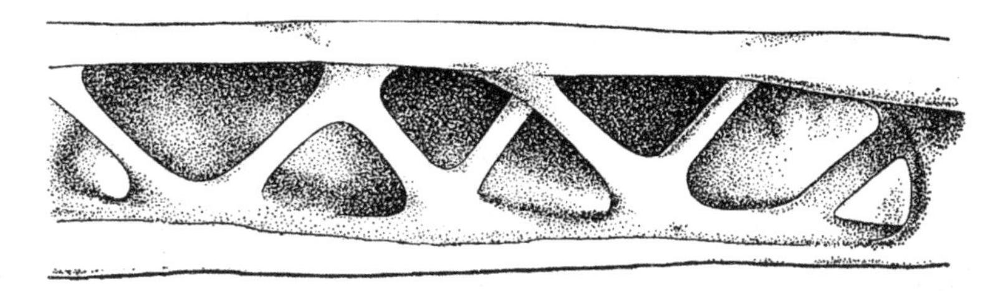

图14　秃鹫中空的骨骼，以及它内部加固的支杆

够彼此顺滑地移动。

动物与食性相关的适应以及它们所捕食猎物的反馈性适应还有许多其他例子。蝴蝶拥有长长的口器，用来直达花朵的深处、吸食花蜜；相应地，花朵用艳丽的颜色与特殊的气味吸引昆虫，并为它们提供花蜜。青蛙与变色龙有着长长的舌头，能够通过黏性的舌尖捕食昆虫。许多动物的适应性能够帮助它们逃避捕食者，其外表则取决于所生存的环境。许多鱼类拥有银色的外观，这使得它们在水里不容易被发现，但是陆地动物很少会有这样的颜色。一些动物有着隐蔽色，与树叶或树枝，或者其他有毒有刺的动物颜色相近。

适应性在动物、植物以及微生物的许多细节部分同样能发现，包括每一个层次，小到细胞的机制及其控制（我们在第三章中讲述过）。例如，细胞分裂与细胞迁移是由蛋白分子组成的微小发动机所驱动。遗传物质在产生新的细胞时被复制，此时新产生的DNA会进行校对工作，这大大降低了有害突变发生的概率。细胞表面的蛋白复合物选择性地允许某些化学物质透过，而阻止了另一些化学物质的进入。在神经细胞中，这种控制被用于调节穿越细胞表面的带电金属离子流，从而产生沿着神经传递信息的电信号。动物行为模式是它们神经活动模式的最终输出结果，无疑是对它们生活方式的适应。例如，在鸟类中，巢寄生性鸟类，例如杜鹃会将宿主原本的蛋或幼鸟移出巢穴，使得宿主抚养它们的后代。相应地，宿主鸟类变得更为警觉以适应这一现象。种植真菌"花园"的蚂蚁进化出了一些行为，包括清除掉污染它们腐烂叶子的真菌孢子。甚至生物的老化速率都与动植物生长环境相适应，这一点我们将在第七章中进行阐释。

在达尔文与华莱士之前，这种适应性似乎是由造物主创造的。似乎没有其他方法能够解释生物体各方面令人惊讶的精细而完美的细节，正如一块手表的复杂程度不可能是纯自然的产物。18世纪神学家们提出"创世论"来"证明"造物主存在，其主要依据就在于没有其他解释，而"适应"一词的提出是用来描述生物都拥有对它们有用的结构这一现象的。我们要明白，将这一现象表述为"适应"将导致一个问题。认识到适应需要一个解释，这对于我们了解生命有着重要的作用。

毫无疑问，动植物与其他自然产物如岩石或矿物是不同的，我们在"动物、植物、矿物"[①]这一游戏中已经了解了。但是创世论忽视了这种可能性：在产生矿物、岩石、山川的作用之外，可能还会有自然的过程，它们能够将生物解释为复杂的自然产物，而不

① "动物、植物、矿物"是维多利亚时代英国的传统文字游戏。一位玩家在心中想象一个物品，另一位玩家要在20个问题后猜出这是什么。但是对于这20个问题，第一位玩家只能用"是"或"否"来回答。如果回答是类似于"不知道"这样的答案，那么这个问题将不被计入问题总数内。

需要造物主的参与。对适应来源的生物学解释取代了造物主的观点，并成为后达尔文进化学说的中心思想。在本章中，我们将描述适应的现代理论以及它的生物学原因与基础。这些都基于我们在第二章中所概述的自然选择理论。

人工选择与可遗传变异

达尔文最早提出并强调的一个高度相关的观察结果是，人类可以有规律地对生物进行改变，能够产生与我们在自然界所见相同的外表。这通常来源于对具有所需要特征的动植物进行人工选择，或是选择性育种。在相对于进化的化石记录而言较短的时间内即可培育相当大的变化。例如，我们已经产生出各种不同品种的卷心菜，包括一些奇特的品种，例如花椰菜或西蓝花，它们都是产生巨大花朵、形成巨型头部的突变体，而像球芽甘蓝这样的品种，则具有不同寻常的叶子发育（图15A）。与之相似，许多品种的狗是由人类培育的（图15B），正如达尔文所指出的，它们之间的差异与自然界中两种不同物种间的差异很类似。然而，尽管所有的犬属动物（包括土狼与豺狼）都是近亲，也可以进行杂交，不同品种的狗并不是由不同的野狗物种驯化而来，而是在过去一两千年（几百个狗世代）的人工选择下，来自一个共同的祖先——狼。狗基因的DNA序列基本是狼的序列的子集，而土狼（据化石判断，它们的祖先在100万年前与狼的祖先分离）无论与狼还是狗的差异都比差异最大的狼/狗还要大上两倍。狗与狗之间相同基因的序列差异可能在狗与狼分离之后产生，这种差异可

A

B

图15　A. 一些卷心菜栽培品种的变异种。B. 不同品种的两只狗的大小与外形差异

以用来推断它们的分离的发生时间（见第三章）。结论是狗在远超过1.4万年之前就与狼分离——这个时间由考古证据所证实，但是不超过13.5万年前。

人工选择的成功可能是由于在种群与物种中存在可遗传的变异（我们在第三章中所描述的正常个体间细微的区别）。即使没有任何遗传的概念，人们已经让那些具有他们所喜爱或有用特征的动物进行繁殖，在经过足够多的世代之后这个过程已经产生彼此间差异巨大的株系，而它们与最初驯化的祖先形态也截然不同。这清晰地说明驯化物种中的个体彼此间必定是不同的，有许多不同能够传递给它们的后代，表明它们是可遗传的。如果这些不同只是因为动物或植物被对待的方式不同，选择性育种与人工选择对于下一代则没有影响。除非这些不同能被遗传，否则只有通过改进培育方式才能提高品种质量。

每个你所能想到的性状都能够在遗传上发生变化。众所周知，犬类的不同品种差异不只体现在外观与大小，还体现在心理特质，例如性格与气质上：有一些比较友善，而其他的一些则很凶猛，适合作为看门犬。它们对于气味的兴趣不同，它们有些倾向于叼东西，有些喜欢游泳；智力上也同样存在差异。它们所易感染的疾病也不同，一个著名的例子就是斑点狗容易患上痛风。它们的衰老速率甚至也存在差异，有些品种例如吉娃娃，有着令人惊异的长寿（寿命几乎与猫一样长），而其他的一些品种例如大丹狗，寿命则只有吉娃娃的一半。当然，所有这些特质都会受到环境因素的影响，例如良好的照顾与治疗，但它们依然受到遗传的强烈影响。

相似的遗传差异在其他许多家养品种中也同样出现。另一个例子——不同品种苹果的品质就是可遗传的差异。它们包括了对不同人类需求，例如早熟或晚熟、适合做菜或是生食的适应，以及对不同国家的不同气候的适应。与犬类的例子类似，在人工选择进行的同时，其他选择过程也同样在苹果中进行，不是所有令人喜爱的特征都会臻于完美。例如，考克斯苹果非常好吃，但是它非常容易受到病菌的侵害。

可遗传变异的种类

人工选择的成功有力地证明了动植物的许多性状差异是可遗传的。众多遗传学研究证明了在自然界中许多生物同样具有可遗传的性状多样性，包括动物、植物、真菌、细菌及病毒的诸多物种。多样性来源于基因DNA序列的随机突变过程，此过程已得到充分认识，与那些引起家族性遗传疾病的过程（第三章）相类似。这些突变中的大多数可能是有害的，例如人类或家畜的遗传疾病，但是有时候也存在着有益的突变。这些突变已使得动物对于疾病具有抵抗力（例如家兔中兔黏液瘤病抗性的进化）。这些也带来了当今社会的一个重要问题：害虫们进化出了对化学药剂的抗性（包括老鼠对于杀鼠灵的抗性，寄生在人类与家畜身上的寄生虫对于驱虫药的抗性，蚊子对于杀虫剂的抗性，以及细菌中的抗生素抗性）。正是由于它们与人类或动物的福祉息息相关，人们对它们中的许多实例已经进行了非常仔细的研究。

可遗传的差异在人类中也有众所周知的事例。变异可能会表现为“离散的”性状差异，例如我们前文中提到的眼睛与头发的颜色。这些是由单个基因中的差别控制的变异，不受环境因素的影响（或是影响极其微小，例如金发人群的头发被日光所漂白）。诸如此类的常见多样性被称作**多态性**。有些情况例如色盲也是简单基因差别，但是在人群中属于非常罕见的变异。甚至连行为方式都可能会遗传。一个火蚂蚁群应该有一个还是多个蚁后，这可能是由单个基因上的一个差异控制的，这个基因编码的蛋白质连接的化学物质参与个体识别。

“连续的”变异同样在种群的许多特征中十分明显，例如人们的身高与体重的渐变。这种变异通常受环境影响较大。20世纪许多不同的国家中都出现了后代身高的增加，这并不是因为遗传的改变而是生活环境的变化，包括更好的营养条件和童年时期严重疾病的减少。然而，在人类种群的此类特征中同样存在某种程度的遗传因素。这是通过对同卵双胞胎和异卵双胞胎的研究获得的。异卵双胞胎是普通的兄弟姐妹关系，只不过是碰巧在同一时间怀胎，他们之间的差异与任何兄弟姐妹一样；但是同卵双胞胎来自一个一分为二的受精卵，在遗传学角度上是完全一样的。人们业已证明，同卵双胞胎比异卵双胞胎在许多特征上都更为相似，这肯定是由于他们的遗传相似性（当然，要注意对同卵双胞胎的照顾方式不可以比异卵双胞胎的更相像；例如，应该只研究相同性别的两种双胞胎）。尽管环境影响非常重要并且明显地经常存在，各式各样的证据都一致表明许多特征变异都需要一定程度的遗传基础，包括智力方面。人们已经在众多生物的各类特征中验证了可遗传变异的存在。甚至连动物在阶级中的位置，或者说社会等级，也是可遗传的；这种现象已经在鸡群与蟑螂中得到体现。连续遗传变异性的大小可以通过不同程度的近亲间的相似性进行测定。这在动物与农作物育种中发挥了很大作用，饲养员们能够通过这种方法预测不同亲本产生后代的性状，例如奶牛的产奶量，由此对育种进行规划。

遗传差异归根到底就是DNA字母的差异。这通常不会导致蛋白质的氨基酸序列改变。当不同个体间相同基因的DNA序列进行比较时，我们就能够发现差异，尽管与不同物种间的序列差异（第三章中讨论过这种差异，见图8）相比通常要小得多。例如，第三章中提到的，可以将来自不同个体的葡萄糖-6-磷酸脱氢酶的基因序列进行比较，可能不存在任何差异（那么就没有多样性）。如果有些种群中的个体存在变异的基因序列，那么在部分比较中将会展现出差异。这被称作分子多态性。遗传学家通过比较种群中个体间存在差异的DNA序列的小片段，对这种多样性进行测定。在人类中，当比较不同人之间相同的基因序列时，通常我们会发现不足0.1%的DNA字母存在不同，而与之形成对比的是人类与黑猩猩间的差异通常达到1%左右。在一些基因中多样性较高，而在另一些中则相对较低，正如我们所预测的，那些可能不那么重要的区域的不编码蛋白质的基因变异通常要高于编码蛋白质基因的变异。与大多数其他物种相比，人类的变异性相当之匮乏。例如，DNA多样性在玉米中更为常见（超过2%的玉米DNA字母是可变的）。

物种中变异性的分布能够为我们提供有用的信息。要繁殖不同性状的狗时，只有亲本的性状十分一致，才能进行育种。这是由于严格的纯血统规则，它对犬类的杂交进行控制，禁止不同品种间出现“基因流动”。一个品种所需要的特性，例如衔回猎获物，便只会在这一个品种中进行充分培育，不同的品种彼此相异。这种品种间的隔离是不符合自然规律的，因为不同品种的狗能够愉快地进行交配并产下健康的后代。狗的许多变异性相应地是在品种间产生的。许多自然界的物种生活在不同的地理隔绝的种群中，正如我们所预料的那样，此类物种作为整体的多样性比生活在一起的单一种群中的多样性要大得多，因为在种群间存在着差异。例如，某些血型在某些人种中更为常见（见第六章），对于许多其他基因变体来说也是如此。然而，与犬类品种不同，在人类及自然界的其他许多物种中，种群间差异与种群内部的多样性相比要小得多。这种差异是因为人类在种群间能够自由移动。这些基因结果的一个重要含意就是，人类种族是由我们基因组中的极小部分基因区分开的，在全球范围内，我们大部分的遗传结构的变异有着相似的范围与异质性。现代社会愈来愈高的移动性正在快速降低种群间的任何差异。

自然选择与适应

自然条件下进化论的一个根本理论就是，一些可遗传的性状差异影响着生存与繁殖。正如为了速度而对赛马进行筛选（通过将冠军马与其近亲进行杂交），羚羊也天生就被用速度筛选过，因为只有那些不被捕食者吃掉的个体才能繁殖下一代。达尔文与华莱士意识到了这个过程能够解释对自然条件的适应。我们通过人工选择改造动植物的能力取决于这种性状是否可遗传。如果存在可遗传的差别，那么自然界中那些成功的个体同样也会把它们的基因（通常还有它们优秀的特质）传递给下一代，而下一代就相应具备了适应性的特质，例如速度。

为了简洁，也为了能让人用普通名词思考，“适应性（fitness）”一词经常会被用于生物学写作中，代表生存及繁殖的总能力，不需要详述所提及的是哪些性状（正如我们用“智力”一词来代表一系列不同的能力）。适应性包括生物体的诸多不同方面，例如，速度只是影响羚羊适应性的一个因素。警惕性与发现捕食者的能力也很重要。然而，仅生存是不够的，繁育后代的能力，例如为后代提供保障与照顾，对于动物的适应性而言同样重要；对于开花植物的适应性而言，吸引传粉者的能力尤为关键。因此“适应性”一词可以被用来描述对范围极广的不同性状的选择。正如“智力”所遭遇的，“适应性”一词的笼统性也使得它引起误读与争议。

为了了解哪些性状可能在生物体的适应过程中发挥重要作用，我们必须深入了解它的生活规律与生存环境。同样一种特性，在一个物种身上可能会使其具有良好的适应性，而对另一个物种则不尽然。例如，对于一只通过隐蔽色来躲避捕猎者的蜥蜴而言，速度并不是适应的重要因素。对于一只居住在树上的蜥蜴而言，善于抓住树枝比跑得飞快要重要得多，因此短腿相比长腿而言，更具有适应性。对于羚羊而言速度是适应性的，但站住不动避免被捕食者发觉也是许多动物躲避猎杀的一种选择。另外一些动物通过吓跑对方来躲避捕食者，例如，有些蝴蝶的翅膀上有眼状斑纹，它们能够突然展开而把鸟类吓跑。植物显然不能移动，但它们也有各式各样的方法来躲避被吃掉的命运，例如有些吃起来苦涩，而有些则长满了刺。所有这些不同的性状都可能会提高生物的生存和/或繁殖的概率，从而提升它们的适应能力。

正如我们在第二章中所表明的，考虑到众多性状的遗传变异性，以及环境因素的不同，自然选择不可避免地会发生，而种群与物种的遗传组成将会随时间变化。这种改变通常会以年为单位缓慢进行，因为种群中的一个遗传变体从稀有变成普遍，通常需要许多代的时间。在动植物的繁殖过程中，常会发生严苛的选择（例如，当疾病使某畜群或作物中的大部分病死时），但是改变依然要花费许多年时间。据估计，玉米是在约一万年前被驯化的，但是现代的巨型玉米棒却是近代的产物。尽管进化的改变以年为单位来看非常缓慢，在化石记录的时间尺度上，自然选择造成的改变却是迅速的。有益的性状在种群中传播开来的速率一开始可能极低，用时则短于地层中两个相邻层之间的时间（一般至少几千年，见第四章）。

尽管相对于我们的生命而言，自然选择发生得太过缓慢，我们通常看不到它的发生，但是自然选择从未停止。甚至我们人类也还在进化。例如，我们的饮食结构已与我们的祖先不同，因此尽管我们的牙齿并不十分坚硬，但是它很适应现代柔软的食物。许多现代食物的高含糖量容易导致蛀牙，甚至是致命的脓肿，但是坚硬的牙齿已不是自然选择所必需的了，因为牙医能够解决这些问题，或者是换上假牙。正如其他如今不再有强烈需求的功能可想而知会发生改变，我们的牙齿可能有一天也会退化。我们的牙齿已经比我们的近亲黑猩猩要小得多，我们还没有阻止它们继续变小的理由。我们的饮食中过量的糖分还导致继发性糖尿病发病率的上升，这种病的致死率非常高。过去，这种疾病主要发生在过了育龄的成人身上，但是现在发病的年龄正持续提前。因此，为了适应我们饮食习惯的改变，一种新的（或许还很强烈）选择压力正趋向于改变我们的代谢特征。在第七章中，我们将展示这些人类生活中的改变是如何使人们进化得越来越长寿的。

适应性的概念经常被人们误解。当生物学家尝试对这个词进行解释时，他们通常会使用与我们日常所说的“适应”相关的例子，例如羚羊的速度。如果我们举鸟类那中空而由支杆交叉强化的轻质骨骼做例子，可能就不那么容易混淆（图14）。自然选择理论是这样解释这种看起来设计精良的结构的：当飞行能力进化时，有着更轻便骨骼的个体的生存概率会比其他个体略微高一些。如果它们的后代继承了这种轻便的骨骼，那么在数代之后的种群中这个特征就会增多。这与人工育种是相似的，在人工育种中饲养员们筛选跑得最快的狗，最终使得所有的灵缇犬有着纤长的腿部。这种腿在跑起来时比短腿更有效率，灵缇犬的腿与羚羊或其他跑得快的动物的腿十分相像，而这些动物都是在自然选择下进化而来的。就算不引入“适应性”的概念，我们也能准确地对自然选择与人工选择进行描述。自然选择就意味着特定的可遗传变体可能会优先被传递给后代。携带有削弱生存或繁殖能力基因的个体，较携带有提升生存或繁殖能力基因的个体而言通常没有那么多机会将基因传给下一代。“适应性”仅仅是一个有用的缩略词，用来概述“性状有时会影响生物的生存和/或繁殖概率”这一思想，且不用特意指出某个性状。在建立自然选择影响种群基因组成的数学模型时，这个概念也非常有用。这些模型的结论为本章的许多论述提供了严谨的基础，不过我们在此不做赘述。

为了说明对于有益突变的选择，我们可以将目光投向人类与老鼠的“军备竞赛”。我们尝试各种针对老鼠的毒药，而老鼠则进化出抗性。杀鼠灵通过阻止凝血来杀死老鼠。它抑制了维生素K代谢过程中一种酶的活性，而维生素K对于凝血与其他许多功能都十分重要。有抗性的老鼠一开始十分稀少，因为它们的维生素K代谢被改变了，这降低了它们生长与存活的概率。换句话说，这就是产生抗性的**代价**。然而，在施用了杀鼠灵的农场与城市中，只有那些有抗性的老鼠能够存活下来，因此尽管需要付出代价，自然选择的力量依然很强大。由此，带有抗性的基因在老鼠种群中传播至很高的携带率，尽管此基因的副作用使得这个基因不能传播到每一个个体。然而，近期的情况是进化出了一种新型的似乎无副作用，甚至可能有益（没有了毒性）的抗性。因此，在老鼠的生存环境改变的情况下，进化将会持续发生。

变异与选择在许多系统中都十分常见，不仅仅是生物个体。遗传物质中某些特定的组分被保留下来，并不是由于它们能够增强携带它们的生物的适应性，而是由于它们可以在遗传物质本身当中复制增殖，就像生物体中的寄生虫。人体中有50%的DNA被视为归于此类。另一个人体中自然选择驱动进化改变的重要例子是癌症。癌症是一种细胞无视身体其余部分利益、自顾自无限增殖的疾病。这种疾病通常由一种能够增大其他基因突变概率的突变（例如，第三章中所提到的校对系统失效，这种系统检查DNA顺序，阻止突变）所导致。一旦突变发生的频率增大，其中的一些将影响细胞的增殖速率，则可能会出现一个快速增殖的细胞系。随着时间的推移，携带有其他基因突变的细胞不断增殖出越来越多的细胞，生长越来越快，最终癌症通常变得越来越严重。癌症细胞同时还能对抑制它们生长的药物产生抗性。如同众所周知的艾滋病患者中艾滋病病毒的抗药性进化一样，获得突变从而免受药物抑制的癌症细胞同样能比初始类型的细胞长得更快，进而使癌症无法缓和。这就是在病情缓解后重新开始药物治疗效果往往甚微的原因。

在另一个极端，拥有不同性状的物种的灭绝速率可能存在不同，即在物种层面上可能也存在着选择。例如，个头较大的物种的种群规模与繁殖速率通常较低，相对于个头较小的物种而言更容易灭绝（第四章）。与之相对，相同物种中，不同个体间的自然选择通常更青睐较大的个头，这可能是由于较大的个体在食物或配偶的竞争中占据更大的优势。相关物种身体大小的一系列分布情况可能是两种不同类型的选择共同作用的结果。然而，物种内部对个体的选择也许是最为重要的因素，因为它首先产生了不同大小的身体，而且它发挥作用通常比物种层面的选择要快得多。

选择对于非生物事件而言也十分重要。在设计机器与电脑程序时，想要达到最优设计，一种非常有效的方法就是不断地对设计进行随机而微小的调整，保留下效果良好的部分，删除其他部分。这种方法越来越多地被运用于解决复杂系统的设计难题。在这个过程中，设计师不考虑整体规划，只考虑所需要的功能。

适应与进化史

自然选择的进化理论将生物的特性解释为连续变化的积累结果，每种变化都提升了生物的存活率或是繁殖成功率。哪些改变可能发生取决于生物的先前状态：突变只能在一定范围内对动植物的发育进行修饰，这个范围是由形成成熟生物的现有发育程序所限定的。动植物育种人所进行的人工选择的结果说明，改变身体部分的大小与形状，或是明显改变生物的外在特征如外表颜色（例如在狗的不同品种中），相对而言较为容易。显著的改变很容易由突变引发，实验遗传学家们也很容易创造一种老鼠或是果蝇株系使其与正常形态之间的差别比野生种类彼此之间的差别大得多。例如，在实验室中，我们可以制造出一只有着四只翅膀而不是正常的两只翅膀的果蝇。然而，这些重大改变通常会严重影响生物的正常发育，降低它们的生存与繁殖成功率，因此不大可能被自然选择所青睐。甚至连动植物育种人都会避免此类现象的出现（尽管这类突变已经被用于培育不寻常的鸽子与狗，这些动物的健康对育种者来说没有对农民那么重要）。

由于上述原因，我们推断进化将向着先前的方向微调前进，而不是突然跳跃到一个全新的状态。这在那些需要许多不同组件共同调整的复杂特征，例如眼睛（我们将在第七章中详细讨论）中体现得尤其明显。如果其中一个组件发生了彻底的改变，即使其他部分未发生改变，它们的协作也将受到影响。新的适应性进化时，通常都是在原先结构上的修改版本，而且一般最开始并不会处于最佳状态。自然选择就如同一个工程师，对机器修补、改正以提高性能，而不是坐下来计划好全新的设计。现代的螺丝刀能够用于精密的加工，它有一系列的刀头适用于不同的用途，但是螺钉的祖先只是一个由大钉通过一端孔洞旋转的粗纹螺栓。

尽管我们经常惊讶于生物的适应性的精密与高效，它们之中依然存在许多笨拙的修补——一些只有放在它们祖先身上才能理解的特征告诉了我们这一点。画家用肩上的翅膀来表示天使，使得它们能够继续使用上肢。但是所有真实存在的能飞或能滑翔的脊椎动物的翅膀都是改良的前肢，因此翼龙、鸟类以及蝙蝠，都不能够使用前肢的大部分原始功能。类似地，哺乳动物心脏与循环系统有着神奇的特征，反映着这个系统从起源至今逐步修补的历史。最初在鱼体内从心脏泵出血液到达鱼鳃，然后再到达全身（图16）。循环系统的胚胎发育清晰地透露了它进化层面的祖先。

有些时候，在不同的类群中，针对同一个功能性的问题，可能会独立进化出相似的解决方案，导致十分相似的适应性，然而由于不同的进化历史，它们的细部特征又大为不同，例如鸟类与蝙蝠的翅膀。因此，尽管不同生物拥有相似性通常是由于它们具有亲缘关系（如同我们与猿），两个亲缘关系很远的物种生活在

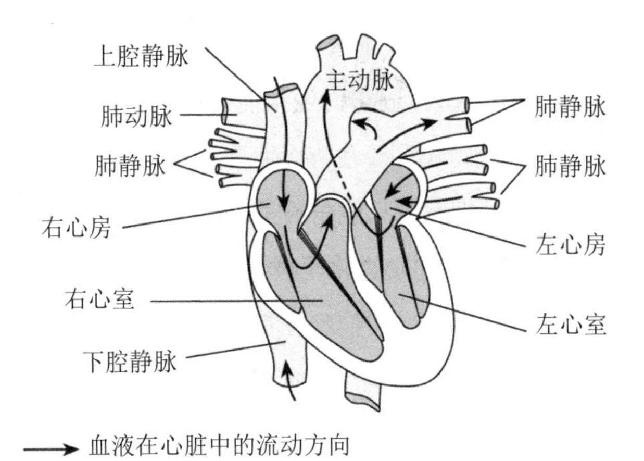

图16 哺乳动物心脏与血管高度复杂的结构。注意肺动脉（输送血液至肺部）笨拙地扭曲在主动脉（将血液输送至身体其他部位）与上腔静脉（将脑部的血液运送回心脏）之后

相似的环境中有时也会比亲缘关系更近的物种看起来更为相像。如果被这种形态学上的相似与差异误导，可以通过DNA序列的相似与差异发现它们真实的进化关系，正如我们在第三章中所述。例如，几种不同的江豚在世界上几个不同区域的大河里进化生存。它们共有某些与公海中物种区别开来的特征，特别是简化的眼睛，因为它们生活在混浊的水中，更多地依靠回声定位而不是视力导航。DNA序列比对结果表明，某种江豚物种与和它生活在同一个区域的海豚间的关系，比它与生活在其他地方的江豚间关系更为紧密。相似的环境导致相似的适应是说得通的。

尽管存在许多相似性，自然选择与人工设计过程依然存在几点差异。一点就是进化是没有前瞻性的；生物只针对一时的主要环境情况发生进化，这样产生的性状也许会在环境剧烈改变时导致它们的灭绝。正如我们将在本章稍后部分所展示的，雄性之间的性竞争将产生一些严重减弱它们生存能力的结构；很有可能，在某些情况下，环境变得不利于生存，存活率降低至这个物种最终无法继续维持下去，拥有多只鹿角的爱尔兰大角鹿就是这样灭绝的。长寿生物的生育力通常进化至极低水平，例如秃鹫这样的猛禽，每两年产下一个后代（我们将在第七章中深入讨论）。如果环境适宜的话，这些种群将会生活得很好，繁殖母禽的年死亡率也很低。然而，一旦环境恶化、死亡率升高，例如遭到人类侵扰，就可能会导致种群数量的急剧减少。现在这种情况依然发生在许多物种身上，已经导致了许多曾经数量巨大的物种的灭绝。例如，在19世纪，繁殖缓慢的北美的旅鸽因捕猎灭绝，尽管它最初的数量曾达到几千万只。有些物种进化成为极为特殊的栖息地的领主，但是一旦由于气候原因，这块栖息地消失，它们也同样容易灭绝。例如，中国的大熊猫的生存受到威胁，因为它们繁殖缓慢，而且以一种只生长在特定山区的竹子为食，而这种竹子现在正遭到砍伐。

自然选择同样并不必然产生完美的适应。首先，可能没有时间将一种生物机制的各个方面调整到最好的状态。当选择的压力来源于一对物种（例如宿主与寄生物）间的相对作用时，这种现象将更为明显。例如，宿主抵抗感染能力的加强增大了寄生物克服这种抗性的选择压力，强迫宿主进一步进化出新的抗性，如此循环往复。这就是进化的军备竞赛。在这种情况下，没有任何一方能够长时间保持绝对的适应。尽管我们的免疫系统抵抗细菌与病毒侵扰的功能卓越，我们依然容易受到最新进化的流感与感冒病毒菌株的侵害。其次，正如我们之前所提到的，进化的修修补补的特性，即只能在已经产生的东西上进行调整，限制了进化所能达到的效果。脊椎动物眼睛里负责从光敏细胞中传导信号的神经位于视网膜细胞的前部而不是后部，这从设计角度来看，似乎十分可笑，但这是由于眼睛的这个部分是作为中枢神经系统的分支发育而来，这种发育方式最终造成了这样的结果（章鱼的眼睛与哺乳动物的类似，但是安排要更为合理，它的光敏细胞位于神经的前部）。最后，一个系统某一方面功能的提升可能会造成其他方面功能的减弱，正如我们讨论对杀鼠灵的抗性时提到的。这种情况可能会阻碍适应的改良。我们将在本章后面的内容以及第七章中讨论衰老时提到一些其他的例证。

发现自然选择

达尔文与华莱士在不了解自然选择在自然界中产生作用的例证的情况下，提出自然选择是适应性进化的原因。在过去的50年间，人们发现了许多自然选择的实例并进行了仔细研究，有力地支持了该学说在进化论中的中心地位。我们在此只讨论其中的几个例子。现代社会中一种非常重要的自然选择正在使细菌对于抗生素产生日益增强的抗药性。这是一个被重点研究的进化改变，因为它威胁到了我们的生命，同时发生得非常迅速且（很不幸地）反复出现。在笔者写下本段文字的这天，报纸的头条就是：在爱丁堡皇家医院里发现了具有甲氧西林抗性的葡萄球菌。

抗生素一旦被广泛使用，不久就会出现有抗性的细菌。抗生素在1940年代被首次广泛使用，之后不久微生物学家们就提出了对于细菌抗药性的担忧。《美国医学杂志》（其受众主要为医生）上的一篇文章就写道：对于抗生素的滥用“充满了对具有抗性的菌株进行筛选的风险”；1966年（那时人们还没有改变他们的做法），另一位微生物学家写道：“难道没有办法引起普遍关注，以对抗生素抗性发起反攻吗？”

抗生素抗性的迅速进化并不令人惊讶，因为细菌繁殖非常迅速，且具有庞大的数量，所以任何能够使细胞产生抗性的突变都必定会发生在某个种群的某些细菌中；一旦这些细菌能够在突变带来的细胞功能改变下存活下来并且繁殖，一个具有抗性的种群就会迅速建立起来。人们可能希望抗性对于细菌而言代价昂贵，在老鼠对于杀鼠灵的抗性中最初的确如此，但是对于老鼠，我们不能指望这种情况持续太长时间。细菌迟早会进化得能够很好地适应当前抗生素且自身不付出重大代价。因此，我们只有少量使用抗生素，保证它们只用在确实必要的情况下，并确保所有的感染细菌都在还来不及进化出抗性前就被迅速杀灭。如果在一些细菌还存活的情况下就停止治疗，它们的种群中不可避免地就会包含一些具有抗性的细菌，这些细菌就可能会感染其他人。对抗生素的抗性还可以在细菌间，甚至是不同物种的细菌间传递。对家畜使用的用来减少传染病以及促进生长的抗生素能够引发抗性传播至人类病原细菌。甚至这些后果都不是问题的全部所在。具有抗性突变的细菌不是它们种群之中的典型代表，但是在一些情况下它们有着高于平均水平的突变率，这使得它们能够对选择压力更快地响应。

不论何时，只要人们用药物去杀灭寄生虫或是害虫，对药物或杀虫剂的抗性就会被进化出来。事实上，人们已经对成百上千例微生物、植物、动物的案例进行了研究。当艾滋病病人使用药物进行治疗时，甚至艾滋病病毒都会突变，进化出抗性使得治疗最终失效。为了避免这种情况发生，经常使用两种而不是一种药物进行治疗。因为突变是小概率事件，病人体内的病毒种群不大可能同时迅速获得两种抗性突变，但是最终，这种情况通常还是会发生。

这些都是自然选择的实例，但就像人工选择一样，自然选择也包括环境受到人为因素干扰而改变的情况。许多其他人类活动正在引起生物的进化改变。例如，为了象牙猎杀大象的行为似乎已经导致了大象中无牙品种的增多。在过去，这些大象属于罕见、畸形动物。现如今，猖獗的猎杀行为使得这些不寻常的品种能够较正常品种有着更高的生存与繁殖概率，结果导致它们在大象种群中比例的上升。又比如，小翅膀的燕尾蝶飞行能力很差，但是在一些碎片化的栖息地中，或许由于这些飞不远的个体更可能留在适合生存的栖息地里，因此被自然选择青睐。当人们清除花园或是农田里的杂草时，也在对这些一年生植物的生存历史进行选择，使得它们更加迅速地产生种子。对于早熟禾这样的物种，存在着发育更缓慢的个体，它们可以生存两年甚至更久，但是这在密集除草的情况下将成为明显不利的因素。这些例证不仅展示了进化改变有多普遍而迅速，同时也说明我们所做的任何事情都有可能影响与人类有关的物种的进化。鉴于人类遍布于地球，极少有物种能不受到人类的影响。

生物学家同样研究了许多纯粹的不涉及人类栖息地退化或改变的自然选择情况。其中最好的例子之一就是皮特与罗丝玛丽·格兰特在加拉帕戈斯群岛达夫尼岛上有关达尔文雀类中的两个物种（地雀与仙人掌地雀）长达30年的研究（第四章）。这些物种的鸟喙平均尺寸与外形各不相同，但是每个物种的这两种性状都有相当的变异。在研究过程中，格兰特的团队有计划地为岛上每一只鸟戴脚环，并测量它们的鸟喙，对每一只雌鸟的后代也都进行了识别。研究者们跟踪这些后代的幸存情况，并与对它们身体各相应部分的尺寸与外形的测定结合起来。谱系研究表明鸟喙特征的变异与遗传有很大关系，因此后代与亲本相似。对于鸟类野外食性的研究表明，鸟喙的尺寸与形状将影响鸟类处理不同类型种子的效率：大而深的鸟喙能够更好地咬开大的种子，而对于小种子而言，小而浅的鸟喙更适用。受厄尔尼诺现象影响，加拉帕戈斯群岛常有严重干旱现象，而干旱将影响到不同类型食物的数量。在干旱的年份，除了一种种子特别大的物种外，大多数植物都不能产生种子。这意味着有着又大又深的鸟喙的鸟类比其他种类有着大得多的生存机会，这在种群数量统计中有了直接体现：在旱季之后，两个物种中存活下来的成年鸟类比起旱季之前都有更大且更深的鸟喙。此外，它们的后代也遗传了这些特征，因此这个由干旱造成的选择方向上的改变引起了种群组成的遗传性改变——真正的进化改变。考虑到亲本与后代之间的相似程度，这种改变的幅度符合通过观测死亡率与鸟喙特征间的联系所推断的结果。一旦环境恢复到正常状况，鸟喙特点与死亡率间的关系也发生了变化，大而深的鸟喙不再具有优势，而种群数量也后退到了之前的情况。然而，即使在不干旱的年份里，环境中依然存在许多微小的变化，它们将导致鸟喙与适应性间的关系出现变化，因此在整个30年间，鸟喙的特征一直波动，两种鸟类的种群数量最终都与一开始时有显著不同。

花朵对昆虫及其他传粉者的适应是另一个很好的例子。对一株将与同一物种的其他植株进行交配的植物来说，必须吸引传粉者来拜访它们的花朵，并给予这些传粉者奖励（用可食的花蜜或是额外的花粉），以保证它们能够再去拜访同种的其他植物。无论是植物还是传粉者，在此互动中都在进化，为自己争取最大的利益。例如，对于兰科植物，为了让花粉块能够在传粉蛾子来访时牢牢地贴附在它们的头部，让这些蛾子能够深入花朵内部很重要。这可以使得花粉块在蛾子拜访下一朵花时，准确落到花朵的合适部位，使花朵成功受精。这需要花朵的花蜜差不多恰好处在蛾子的口器所能到达的范围之外，这种需求驱动了对蜜腺管长度的自然选择，于是蜜腺管长度异常的花朵的受精概率将降低。蜜腺管太短的花朵会使得蛾子不用拾起或储存花粉就可以吮吸到花蜜，而蜜腺管太长的花朵将浪费花蜜，就像一盒果汁，它所附的吸管总是太短而不能把盒子中的果汁全部吸出。在果汁盒子行业，这种浪费将会造福果汁销售商，使得他们能够卖出更多果汁，但是对植物来说制造无用的花蜜将丢失能量、水分与营养，这些资源本应该用在更需要的地方。

一种生活在南非的剑兰每株植物只有一朵花，有着更长蜜腺管的个体比一般个体更容易产生果实，同时每个果实中的种子数量也比一般个体要多。这种植物的蜜腺管长度平均为9.3厘米，而它们的传粉者天蛾的口器长度在3.5—13厘米之间。没有携带花粉的蛾子都拥有最长的口器。这个地区其他不为这种植物传粉的天蛾物种的口器长度平均不足4.5厘米。这说明选择的力量使得花朵与蛾子都去适应彼此，达到某些情况下的极值。有一些生活在马达加斯加的兰花物种的蜜腺管长度甚至达到30厘米，而它们传粉者的口器则长达25厘米。在这些物种中，已经有实验演示对长度的自然选择，在实验中蜜腺花距被打结以缩短其长度，使得蛾子带走花粉块的概率降低。

类似的选择与反选也影响着我们与寄生虫的关系。人们已对若干种人类适应疟疾的方式进行了深入研究，也已经明显进化出许多不同的防御方法，其中就包括在复杂的生命周期的某些阶段，疟原虫生活的红细胞发生的改变。与老鼠产生杀鼠灵抗性的情况类似，这种防御办法有时也会带来一定的副作用。镰刀形红细胞贫血症是一种细胞中血红蛋白（红细胞中主要的蛋白质，作用是在体内携带氧气）改变造成的疾病，如果不医治容易造成死亡。它的变化形式（血红蛋白S）是正常成人血红蛋白A编码基因的一种变体形式，两者之间存在一个DNA字母的差异。为此，蛋白编码的一对基因如果都是S型的话，个体将患上镰刀形红细胞贫血症，其红细胞将变得畸形、造成微血管的堵塞。拥有一个正常的A型基因与一个S型基因的人不会感染疾病，而且对疟疾的抵抗能力要高于拥有两个A型基因的人。拥有两个S型基因会造成的疾病就是人们对疟疾的抗性所付出的代价，这使得S型基因不能在人群中传播开来，即使在疟疾高发地区也是如此。同样能够帮助抵御疟疾的葡萄糖-6-磷酸脱氢酶变体（第三章）也伴随着代价，具有这些变体的人们吃下某些食物或药物，将导致红细胞受到损害，而不具抗性的个体则不会发生这种情况。然而，那些没有代价或代价甚小的疟疾抗性依然是存在的。达菲阴性血型系统是血红蛋白的另一种特征，在非洲的大部分地区广泛分布。相较于达菲阳性个体，拥有达菲阴性血型的人们不易感染特定类型的疟疾。

对于疟疾的抗性说明了一个普遍的认知，即在同一个选择压力下（在上文的例子中是一种严重的疾病），可能会产生不同的响应。有些对疟疾的响应方式比其他方式要好，因为它们对当事人造成的伤害更小。事实上，在不同人类种群中可以发现许多不同的对于疟疾具有抗性的遗传变异，而在某个区域哪些特定类型的突变能够被选择确立下来大体上似乎是一个随机事件。

上文中所讨论的实例说明了自然选择对于人类与动植物生存环境的改变产生的响应。或许出现了一种疾病时，人群中会出现选择，于是进化出有抗性的个体。又或是一只蛾子进化出更长的口器从而能够从花朵中汲取花蜜而不用携带花粉，如此一来花朵反过来也会进化出更长的蜜腺管。在这些例子中，自然选择改变了生物，正如达尔文在1858年提出的设想（见本书第二章所引用的）。然而，自然选择同时经常会阻止改变的发生。在第三章中对细胞内蛋白质与酶的作用机制进行描述时，我们提到突变会发生并会减弱这些功能。即使在一个稳定的环境中，自然选择也在一代代个体中发挥作用，对抗着突变基因（这些基因为突变的蛋白质编码，或是让它们在错误的时间、地点表达，或是表达数量不对）。在每一代中，都会产生具有突变的新个体，但是非突变个体倾向于产生更多后代，因此它们的基因始终最为普遍，而突变个体则在种群中保持较低的水平。这就是**稳定化**选择或者说**净化**选择，它使得一切尽可能好地运行。在血液凝结中的一类蛋白的编码基因就是其中的一个例子。蛋白序列的某些改变将会导致个体在受伤后无法凝血（血友病）。直到不久之前人们才发现血友病的发病机理，从而能够通过注射凝血因子蛋白帮助血友病患者。在此之前，这种疾病通常会致死或是严重降低生存概率。遗传医学家们已经描述了成千上万种类似的对人体有害的低频基因变异，涵盖了每一种能想象到的性状。

如果环境保持相对稳定，自然选择有足够的时间调整生物性状至能带来高度适应性的状态，那么就发生了稳定化选择。如今，在生物持续变异的性状中我们可以探测到这一选择在发挥作用。人类出生时的体重就是一个例子，相关研究已经十分成熟。即使在新生儿死亡率非常低的今天，中等体重的婴儿的存活率依然是最高的。不高的新生儿死亡率主要涵盖那些太小的婴儿，以及某些太大的婴儿。稳定化选择也发生在动物之中，例如在严重的暴风过后，存活下来的鸟类和昆虫的大小都趋向于中等，最小和最大的往往消失。即使是对最适值的微小偏差也可能会降低生存或繁殖的成功率。因此，生物对于它们所生存的环境的适应能力往往惊人是可以理解的。正如我们在第三章中所提到的，有时候，再微小的细节也可能会发挥重要的作用。生物经常能达到接近完美的状态，例如蝴蝶伪装成树叶或毛毛虫伪装成树枝这些异常精密的拟态。稳定性选择同样解释了为什么物种往往显示不出进化方面的改变；只要生存环境不存在新的挑战，选择就倾向于让事物保持原有的状态。这样也就能理解有些生物在很长一段进化时间里保持稳定的形态，例如被称作**活化石**的生物，它们的现代种类与它们远古时期的祖先非常相似。

性选择

自然选择是对适应的解释中唯一经过实证检验的。然而，选择也不总是增加总生存率或作为整体的种群的后代数量。当资源有限时，能在竞争中占据优势的特征可能会降低所有个体的生存概率。如果最有竞争力的个体种类在种群中普遍出现，那么整个种群的存活率也许会下降。竞争的这种负面结果不只限于生物学情况。某些侵入式的、低俗的、重复洗脑的广告也是众所周知的例子。

生物竞争中广为人知的例子就是雄性获取配偶的竞争。在很多动物中，并不是所有可繁殖的雄性都能够留下后代，只有那些在与其他雄性的斗争之中和/或在求爱行为中获得胜利的才有机会。有些时候，只有“占据统治地位”的雄性才能获得雌性的青睐。甚至连雄性果蝇在获准交配前都需要向雌性求爱——通过跳舞、唱歌（拍击翅膀获得的声音）以及气味。并不是所有时候都会成功，这并不意外，因为雌性十分挑剔，而且不会与非同类的雄性进行交配。在许多哺乳动物，例如狮子中，存在着交配权力的等级制度；雌性十分挑剔，雄性个体的繁殖成功率是不同的。因此，自然选择会青睐那些让雄性在交配等级中更具优势或是增强它们对雌性的吸引力的性状。雄鹿有着巨大的鹿角，它们用鹿角彼此争斗，有些物种还有其他恐吓手段，例如高声的咆哮。如果这些性状能够遗传（正如我们之前所看到的，这种情况很常见），有着能帮助它们成功交配的性状的雄性，会把它们的基因传递给许多后代，而其他的雄性的后代则会较少。

在这样的**性选择**中，两种性别都会进化出相应的特质，这大概也是许多鸟类拥有鲜艳羽毛的原因。然而，对于许多物种而言，这些特质都集中在雄性身上（图17），说明它们的此类特质并不只是为了自身更好地适应环境。许多此类的雄性特征显然并不能增加生存概率，反而由于其雄性隐性基因携带者的低生存率而常常造成负担。雄孔雀拥有巨大而绚烂的尾羽，但飞行能力很弱，如果尾巴小一些的话，也许它们能够更快地从捕食者口下逃脱。对于航空空气动力学研究而言，孔雀显然不是理想的研究对象，不过即使对于燕子而言，它的尾巴也比最适宜飞行的长度要长，但长尾巴的雄燕更受雌燕青睐。即使不那么引人注目的雄性求偶特质也常会带来更大的风险。例如，某些热带的蛙类在以歌

图17　性选择的结果，达尔文《人类起源与性选择》一书中的插图。图片展示了同一天堂鸟物种的雌鸟与雄鸟，图中可以看出雄鸟羽毛华丽，而雌鸟则缺少装饰

唱求爱时，会被蝙蝠探测到而捕获。即使没有这些危险，雄性的求偶行为也将花费大量的精力，而它们本可以把这些精力用在觅食等方面，到了交配季节的尾声，这些雄性往往都处于精疲力竭的状态。

达尔文意识到了这一点，他认为求偶方面的选择与其他大部分情形下的选择不同，进而引入了一个特殊的名词“性选择”来强调这一不同。正如我们刚刚讨论过的，雄孔雀的尾巴不可能良好适应，原因有二：一是由于客观原因，这种尾巴对飞行动物来说看起来不是好的设计；二是由于，**如果**这是好的，雌孔雀就也会有。因此似乎这种选择是在孔雀这种交配竞争异常激烈的物种中，用飞行能力的减弱来换取雄性交配概率的升高。因此，性选择再一次体现出生物学中使用的“适应”一词与日常生活中所提到的适应是有所不同的。一只拖着臃肿尾巴的雄孔雀不“适应”好好飞行或是奔跑（尽管如果它营养不良或是不健康的话也长不出这么大的尾巴），但是在进化生物学的简略表达里，它是高度“适应”的；没有了它的大尾巴，雌孔雀就会与其他雄性交配，它的繁殖概率就下降了。

第六章

物种的形成与分化

生物学的常见事实之一就是将生物划分为可辨识的不同物种。随便看看生活于欧洲西北部一座小镇上的鸟类，甚至都可以发现很多种类：欧亚鸲、欧乌鸫、欧歌鸫、槲鸫、蓝冠山雀、大山雀、鸽子、麻雀、苍头燕雀、紫翅椋鸟等等。每一个种类都有着与众不同的身形、羽毛颜色、鸣叫声、进食和筑巢的习惯。在北美东部，可以找到一系列不同但又大致相似的鸟类。同一物种的雄鸟和雌鸟成双成对，它们的后代当然也跟它们同属于一个物种。在一个给定的地理位置中，有性繁殖的动植物几乎总是可以容易地被划分为不同的群体（虽然有时细致的观察所找到的物种只存在很轻微的解剖学上的差异）。由于异种之间并不杂交，所以共同生活在同一地点的不同物种保持着区别。多数生物学家认为不能杂交（**生殖隔离**）是划分不同物种的最好标准。对于那些不通过有性繁殖产生后代的生物，比如许多种类的微生物来说，情况就复杂得多。这点我们将在后面再进行探讨。

物种间差异的本质

尽管就像习惯于重力一样，我们习惯于将生物体划分为独立的物种，并认为这是理所应当的，但划分物种并不是显然有必要的。很容易想象一个不存在如此明显差异的世界；以上文提到的鸟为例，有可能存在着生物体具有混合的特征，比如，不同比例混合了欧亚鸲和欧歌鸫的特征；对给定的一对亲代来说，按不同比例交配可以产生带有不同混合特征的后代。如果没有不同物种间的杂交繁殖障碍，我们现在所看到的生物多样性将不复存在，取而代之的是一些接近于连续的形态。事实上，当出于某种原因，已经分离了的物种间的杂交繁殖障碍打破时，确实会产生出如此高度变异的后代。

因而对进化论者来说，一个根本问题是要解释物种是如何变得彼此不同的，以及为什么会存在生殖隔离。这是本章的主题。在开始这个问题之前，我们先介绍一下近缘种被阻止杂交的一些途径。有时，主要的障碍是物种间生境或繁殖时间的简单差别。以植物为例，每年都有一段典型的短暂花期，花期没有重叠的植物显然不可能杂交。对动物来说，不同的繁殖场所可以防止不同物种的个体相互交配。即便是有些生物体在同一时间到达了同一地点，那些只有通过对物种生活史的细致研究才能发现的细微特征，常常可以阻止不同物种的个体互相交配。生物体的一些细微特征只有通过对物种自然史的细致研究才能发现，这些特征往往阻止不同物种的个体成功地彼此交配。例如，由于对方没有恰当的气味和声音，一种生物可能不愿意去向其他物种的生物求偶，或是所展现出的求爱方式相异。交配上的行为学障碍在许多动物中都很明显，植物则通过化学手段辨别来自异种生物的花粉并拒绝它。即使发生了交配，来自异种生物的精子也可能无法成功让雌性的卵子受精。

然而，一些极为近缘的物种间偶尔会发生交配，特别是在没有同种个体可供选择的情况下（如第五章中提到的狗、土狼、豺狼）。但在很多此类情形下，杂交第一代常无法发育；异种个体间试验性交配所产生的杂交体，常会在发育早期死亡，反之，同种个体间交配所产生的大部分后代都可以发育成熟。有些时候，杂交体能够生存下来，但要比非杂交体的存活概率低很多。即使杂交体能够存活下来，通常也是不育的，不会产生能将基因继续传递下去的后代；骡子（马和驴交配产生的杂交体）就是一个著名的例子。杂交体完全不能存活或是无法生育显然可以将两个物种隔离开来。

杂交繁殖障碍的进化

尽管人们已熟悉阻碍杂交繁殖的不同途径，却仍然困惑于这些途径是如何进化的。这是了解物种起源的关键。就像达尔文在《物种起源》第九章中指出的那样，异种交配产生的杂交体不能存活或是无法生育极不可能是自然选择的直接产物；如果一个个体与异种交配产生出无法存活或无法生育的后代，这对它来说没有什么好处。当然，杂交后代不能存活或是无法生育，将有利于避免异种交配，但是对于杂交后代可以很好地生存的情况，就很难看出有任何此类益处了。由此看来，物种因地理或生态分离而彼此隔离之后发生进化改变，异种交配中存在的多数障碍可能是这种进化改变的副产物。

比如说，想象一种生活在加拉帕戈斯群岛一座小岛上的达尔文雀。假设少量的个体，成功地飞到了先前未被该物种占领过的另一座小岛，并成功地在此栖息繁衍。如果这样的迁徙是十分稀有的，那么这些新种群和原始种群将会彼此独立进化。通过突变、自然选择和遗传漂变，两种群间的基因构成将会分化。这些变化将由种群所处的并开始适应的环境差异来推进。例如，不同岛上可供吃种子的鸟类食用的植物有所不同，甚至由于岛上食物丰富程度的差异，不同岛上的同一种雀鸟喙的尺寸也存在差别。

一个物种的种群会因所处的地理位置而变化，这种变化通常使其适应所处环境——这一趋向叫作**地理变异**。有关人类的显而易见的例子，是在不同种族间大量存在的微小的体质差异，以及更小的局部特征差别，如皮肤颜色和身高。这种变异性在其他许多生活于广阔的地域环境里的动植物中也可以找到。在一个由一系列地域性种群组成的物种中，一些个体通常会在不同地点之间迁移。但不同生物发生迁移的数量差别极大；蜗牛的迁移率非常低，而一些生物体，如鸟或许多会飞的昆虫，则有着较高的迁移率。如果迁移的个体能够与到达地的种群杂交繁殖，就能为当地种群贡献它们的基因组分。因而迁移是一种均质化的力量，与自然选择或遗传漂变引起地域种群产生基因分化的趋势正相反（第二章）。一个物种的多个种群间或多或少都会发生分化，这取决于迁移的数量及促使地域种群间产生差别的进化动力。强的自然选择可以导致即便是相邻的种群也变得不同。例如，铅矿和铜矿的开采会造成土壤受金属污染，这对多数植物都有极大的毒害作用，但是，在许多矿山周围受污染的土地上都进化出了对金属耐受的植物。如果没有金属，耐受植物则生长不良。因而，耐受植物只在矿山上或靠近矿山的地方生长，而生长在远离矿山的边缘地带的植物则剧变为非耐受植物。

在那些不那么极端的情况下，物种特征表现出地理性的渐变，这是因为迁移模糊了自然选择所引起的随地理环境变化的差异。许多生活在北半球温带地区的哺乳动物有着较大的体型。动物的平均体型大小从南至北呈现出或多或少的连续性变化，这很可能是在寒冷的气候下，动物为减少热量损失而选择较小的表面积和体积之比的反映。出于类似的原因，相较于南方种群，北方种群还倾向于拥有更短的耳朵和四肢。

不同类型的自然选择，并不是同一个物种各地理隔离种群间出现差异的必要因素。同一种自然选择有时会导致有差别的响应。比如，像第五章中所描述的那样，遭受疟疾感染的地区的人口有着不同的抗疟疾基因突变。有多种分子途径可引发抗性。引发抗性的不同突变会在不同地区偶然出现，抗性突变在特定人群中渐渐占据优势很大程度上是运气使然。即便完全没有自然选择，由于前文中提到的遗传漂变的随机过程，一个物种的不同种群间也会逐步形成差异。许多物种中，不同种群间常常存在着显著的基因差别，即使是在DNA和蛋白序列的变异没有影响可见特征的情况下。在这一点上，人类也不例外。即便在英国，人群中A、B、O血型的出现频率也有所不同，这取决于单个基因的变异形式。例如，相较于英格兰南部，O型血人群在威尔士北部和苏格兰更为常见。不同血型的出现频率在更广泛的区域有着更大的差别。B型血人群在印度部分地区的出现频率超过了30%，而在美洲原住民中却极为罕见。

这种地理变异的例子还有很多。尽管主要的种族间存在着可见的差异，但不同人群或种族群体间并没有生物上的异种繁殖障碍。然而，对一些物种来说，在最极端的情况下，同一物种不同种群间的差别大到可能会被认作不同的物种，只不过这两个极端的种群由一系列彼此杂交繁殖的中间种群相联系。甚至还存在这样的情况：一个物种的极端种群间的差异大到它们之间无法杂交繁殖；如果中间种群灭绝，它们将会构成不同的物种。

这就解释了一个重要观点：根据进化论，在生殖隔离形成的过程中，必然存在着过渡阶段，因而我们应该至少能够观察到一些难以将两个相关种群进行分类的情况。尽管这给我们将生物按既有方式分类造成了麻烦，但这是可以预见的进化结果，而且在自然界中也是易见的。两个地理隔离种群，在产生生殖隔离的进化过程中存在过渡阶段的例子有很多。美洲拟暗果蝇是已被人们充分研究的一个例子。这种生活在北美洲和中美洲西海岸的生物，或多或少地连续分布于从加拿大到危地马拉一带，但在哥伦比亚波哥大地区却存在着一个隔离的种群。波哥大果蝇种群看上去跟其他果蝇种群一模一样，但是它们的DNA序列却有轻微的差别。由于序列的差异需要长时间的积累，波哥大种群可能是在约20万年前由一群迁移到那里的果蝇形成的。在实验室，波哥大种群已经可以跟来自其他种群的拟暗果蝇交配，产生的第一代杂合体雌性是可育的，而以非波哥大种群的雌性作为母代杂交所产生的雄性杂合体却是不育的。非杂合体雄性不育的现象在其他有着较大差异的果蝇种群的交配中从未出现过。如果将果蝇主要种群引进波哥大，它们之间想必会自由杂交繁殖，又由于雌性杂合体是可育的，那么杂交就可以一代代持续下去。因此波哥大种群的与众不同完全是由于地理隔离造成的。因此，尽管雄性杂合体不育显现出波哥大种群已经开始形成生殖隔离，但并没有令人信服的理由将波哥大种群单独视为一个物种。

两种狗面花属植物花的特征

物种名	彩艳龙头	红花猴面花
传粉者	蜜蜂	蜂鸟
花的大小	小	大
花型	宽，有平底	窄，管状
花色	粉红	红
花蜜	中等水平，高糖	丰富，低糖

不难理解，就像加拉帕戈斯雀一样，为什么同一物种不同地区的种群，在不同的生活环境下会产生适应各自所处环境的不同特征。但为什么这样会造成杂交繁殖障碍却不太容易理解。有时这可能是适应不同环境而产生的相当直接的副产品。例如，两种生长在美国西南部山区的狗面花属植物，彩艳龙头和红花猴面花。和大多数狗面花属植物一样，彩艳龙头由蜜蜂授粉，它的花有着适应蜜蜂授粉的特质（见上表）。与众不同的是，红花猴面

花由蜂鸟授粉，它的花有着利于蜂鸟授粉的几处不同特征。红花猴面花可能是由跟彩艳龙头外观相近的由蜜蜂授粉的植物，通过改变花的特征进化而来。

这两种狗面花属植物可以实验性交配，杂合体健康可育，然而在自然界中两种植物并肩生长却没有杂交混合。野外观察结果显示，蜜蜂在采集过彩艳龙头后，极少会再去采集红花猴面花，而蜂鸟在采集过红花猴面花后，极少会再去采集彩艳龙头。为了查明传粉者对有着两种花的特质的植物会如何反应，人工培育了拥有两亲本广泛的混合特征的第二代杂交种群，并将其种植在野外环境中。最能促进隔离形成的特征是花色，红色可以阻挡蜜蜂而吸引蜂鸟的授粉。其他的特征可以影响两授粉者的其中一个。花蜜含量更高的花朵吸引蜂鸟的授粉，而花瓣较大的花朵对蜜蜂的吸引力更大。混有两种特征的中间型既可能被蜜蜂授粉，也有可能被蜂鸟授粉，因而与亲本物种之间产生了中等程度的隔离。在这个例子中，随着蜂鸟授粉进化由自然选择驱动的改变已经使红花猴面花和近缘种彩艳龙头间产生生殖隔离。

虽然在大多数情况下我们不知道究竟是什么力量促使近缘种的分化，并最终导致了生殖隔离，但是，如果两个地理隔离种群间存在独立的进化差异，那么两者之间生殖隔离的根源就并不特别令人惊讶。种群基因构成的每一个变化，必定要么是自然选择的结果，要么是能轻微影响适应性并能通过遗传漂变扩散出去（在第二章及本章末尾处有讨论）。如果变异体因为有更强的使种群适应当地环境的能力而在种群中蔓延开来，当它与未曾自然接触过的、来自其他种群的基因相结合（通过杂交）时，这种蔓延不会被任何不良影响所阻拦。任何一种自然选择都不能将地理或生态隔离种群个体间的交配行为的兼容性维持下去，或者使开始在不同种群间分化的基因保持自然进化的和谐关系。就像其他没有因自然选择而维持下去的特征一样（比如洞栖性动物的眼睛），杂交繁殖的能力也会随时间而退化。

如果进化分化程度足够大，完全的生殖隔离看起来是不可避免的。这并不比英国产的电插头与欧洲大陆的插座不匹配的事实更让人惊讶，即便每一种插头都与相应的插座良好匹配。人们必须持续不断地努力以确保设计的机器有良好的兼容性，比如为个人计算机和苹果电脑设计的软件。种间杂交的遗传分析显示，不同物种的确携带有一些不同的基因系列，当这些基因在杂合体中混合后，会出现机能失调的状况。就像上文中提到的那样，许多异种动物杂交后产生的第一代雄性杂合体不育，但是雌性可育。因而可育的雌性杂合体是有可能和两个亲本物种中的某一个杂交的。通过对此类杂交产生的雄性后代的生育力进行测试，我们可以研究雄性杂合体不育的遗传基础。人们已在果蝇物种身上做了大量这类研究；结果清晰地表明，两物种不同基因的相互作用是导致杂合不育的原因。例如，在拟暗果蝇的大陆种群和波哥大种群间有差别的基因中，大约15个在两个种群间有差别的基因看来参与导致了雄性杂合体不育。

两个种群间产生足够造成生殖隔离的差异所需要的时间差别很大。拟暗果蝇用了20万年（超过100万代）的时间，仅仅产生了很不完全的隔离。在其他例子里，有证据表明，生活在维多利亚湖的慈鲷科鱼类有很快的生殖隔离进化速度。虽然地质证据显示维多利亚湖形成仅1.46万年，但有超过500种明显起源于同一始祖物种的慈鲷鱼生活在那里。这些慈鲷鱼生殖隔离的形成很大程度上可以归因于行为特征的差异和颜色的差别，它们的DNA序列差别很小。在这个群体中，差不多平均1000年就可以产生一个新的物种，但是，维多利亚湖中的其他鱼类并没有这么快的进化速度；通常，形成一个新物种可能需要几万年的时间。

两个近缘种群一旦因一种或更多的杂交繁殖障碍而彼此完全隔离，将会一直彼此独立进化，随着时间的推移，又会产生分化。自然选择是产生这种分化的重要原因。就像前文提到过的加拉帕戈斯雀一样，为了适应不同的生活方式，近缘种通常具有许多不同的构造和行为特征。然而有时，近缘物种间仅有很少的地方明显不同。昆虫常表现出这一点。例如，拟果蝇和毛里求斯果蝇两种果蝇有着非常相似的身体结构，表观上仅雄性生殖器有所不同。然而，它们确确实实是两个不同的物种，相互之间几无交配意愿。与其类似，人们最近发现，常见的欧洲伏翼蝙蝠应该被分为两个物种。这两种蝙蝠在自然条件下并不交配，它们的叫声以及DNA序列也都不同。相反，如同我们之前提到过的那样，有许多属于同一物种但有显著差异的种群间是可以杂交繁殖的。

这些例子共同说明，两种群间可观察的特征上的差别与生殖隔离的强度之间没有绝对的相关关系。两物种间的差异程度，也与距它们之间出现生殖隔离的时间长短没有密切关系。这一点可以通过以下的例子说明：生活在岛屿上的物种，如加拉帕戈斯雀类，虽然只进化了相对较短的时间，不同的物种间差异却很大，而与之相较，南非相近的鸟类经过了较长时间的进化，但其中很多鸟类间的差异却很小（第四章图13）。类似地，根据化石记录，许多生物千百万年中几乎没有变化，随后急剧转变为新形式，古生物学家通常将它们认定为新物种。

无论是理论模型还是实验室实验都表明，强烈的自然选择可以在100代甚至更短的时间里对物种特征产生深远的影响（第五章）。例如，为了增加黑腹果蝇一个种群腹部刚毛的数量，对这种果蝇进行了人为选择。80代后，这种选择导致果蝇腹部平均刚毛数量增加了3倍。与之类似，相较于生活在400万年（大概20万代）前类猿的祖先，我们现代人的颅骨平均大小增加了。相反，一旦生活在稳定环境中的生物适应了环境，它们的特征就不会有太大的变化。通常很难从化石记录中分辨出，可见的“急剧”进化改变是否就代表了一个新物种（无法与它的祖先杂交繁殖）的起源，或者仅仅是响应环境的变化而进化出的一个新的世系分支。不管是哪种情况，急速的地质变化都是必须的。

最后，对于发生在许多单细胞生物，比如细菌中的无性繁殖，物种又是怎样定义的？在这里，根据能否杂交繁殖来定义物种毫无意义。为了在这些情况下进行分类，生物学家只是依据主观的相似程度的标准：依据具有实际意义的特征（比如细菌细胞壁的构成）或是更多地依据DNA序列的不同。在进行特征衡量时，那些十分相似的个体聚为一类，人们将之划分为同一物种，反之，其他没有聚成一类的个体，就认为是不同的物种。

物种间的分子进化和分化

考虑到两物种互相分离独立进化的时间长短和形态特征的差别大小之间的关系并不规则，生物学家在推断两物种的关系时，越来越多地参考不同物种的DNA序列信息。

就如同类比同一个词在不同但有关联的语言中的拼写一样，人们在不同物种同一基因的序列上也可以发现相同之处和不同之处。例如，英语中的house、德语中的haus、荷兰语中的huis和丹麦语中的hus是同一个意思，发音也很相似。这些词之间的不同点有两种。首先，同一位置上的字母不同，如英语的第二个字母是o，而德语则是a。其次，有字母的增加和减少，英语中末尾的e在其他语言中没有出现，丹麦语比德语少了第二个位置上的a。由于缺少更多的有关语言间历史关联的信息，人们很难确切明了这些变化的发展轨迹。尽管人们知道，只有英语的house末尾有e的事实强有力地表明了这个e是后来加上去的，而hus拼写最短表明了丹麦语中这个词元音的缺失。如果对大量的单词样本进行这样的比较，不同语言的不同点就可以用来衡量它们的关系，这些不同点与语言发生分化的时间有着密切的关联。虽然美式英语从英式英语中分离出来仅有几百年的时间，但是，包括不同方言的发展在内，两者间的分化却很明显。荷兰语和德语有着更大的分化，法语和意大利语间的分化更甚。

同样的规则也适用于DNA序列。在这种情况下，对于那些为蛋白质编码的基因，由DNA单个字母的插入和缺失引起性状改变的情况是很少见的，因为字符的插入或缺失通常会在很大程度上影响蛋白质氨基酸序列，使其功能丧失。近缘物种间，基因的编码序列的变化大多数包括了DNA序列单个字母的变化，比如把G换作了A。图8的例子中列出了人类、黑猩猩、狗、老鼠和猪的促黑激素受体的部分基因序列。

两种不同生物的同一类基因的序列差异表现在DNA字母的数量上，通过比较字母数量，人们可以准确地衡量这两种生物的分化程度，而这种衡量用形态学上的异同是很难做到的。掌握了基因的编码方式，我们就可以知道哪一种差异改变了与所研究的基因相应的蛋白质序列（**置换**改变），哪一种差异没有引起改变（**沉默**改变）。例如，图8中列出的对人类和黑猩猩的促黑激素受体基因序列差异的简单计数，显示出所列的120个DNA字母有四种差异。不同物种的全序列（忽略掉小区域的DNA字母增加和减少）与人类的基因序列相比，不同之处的数量如下表所示。

与人类相比	相同氨基酸（沉默差异）	不同氨基酸
黑猩猩	17	9
狗	134	53
老鼠	169	63
猪	107	56

最近的研究表明，人类和黑猩猩的53种非编码DNA序列中有差别的部分占全部字母的0到2.6%，平均值仅为1.24%（人类和大猩猩之间为1.62%）。这一结果解释了为什么人们认为黑猩猩是我们的近亲而大猩猩不是。如果人类跟猩猩比较，差异就更大了，跟狒狒之间的差异更甚。关系更远的哺乳动物，如肉食动物和啮齿类动物，比灵长类动物跟人类在序列水平上的差异更大；哺乳动物与鸟类的差异，比哺乳动物之间的差异更大，诸如此类，不一而足。序列比较所揭示的关系图谱，与根据主要动植物物种在化石记录中出现的时代作出的推测结果大体一致，这一点也和进化论推理结果一致。

这张显示序列差别的表格表明，沉默改变比置换改变更为常见，即便沉默改变在如黑猩猩和人类这样非常近缘的物种中也十分少见。显然，这是因为大部分蛋白质氨基酸序列的改变会在一定程度上损害蛋白质的功能。就像我们在第五章中提到过的，突变造成的不大的有害作用会引起选择，选择作用很快将突变体从群体中清除出去。因此，大多数引起蛋白质序列变化的突变不会增加物种间累积的基因序列的进化差异。但是，也有越来越可靠的证据表明，一些氨基酸序列的进化由作用于随机有利突变的自然选择所推动，进而引发分子层面的适应性出现。

不同于改变氨基酸的突变常常带来的有害作用，基因序列的沉默改变对生物功能几乎没有影响。由此可以理解，物种间的大部分基因序列差异都是沉默改变。但是，当一个新的沉默改变在种群中出现，它仅仅是相关基因成千上百万个副本中的一个（种群每个个体中有两个副本）。如果一个突变不能为它的携带者带来任何选择优势，这一突变又如何能在种群中传播开来？答案是，有限种群中会出现变异体（遗传漂变）的频率发生偶发性变化的现象，这个概念我们在第二章中作了简单的介绍。

下面介绍这个过程的运作方式。假设我们在对黑腹果蝇的一个种群进行研究。为了种群世代延续，每只成年果蝇平均必须产生两个子代。假设果蝇种群在眼睛的颜色上有差别，某些携带突变基因的个体眼睛是亮红色的，而不携带突变基因的所有其他个体眼睛是通常的暗红色。如果不管哪种个体都能产生同等数量的后代，那么在眼睛的颜色上就不存在自然选择，这种突变的影响就被称为**中性的**。因为这种选择的中性影响，子代从亲代继承的基因是随机的（如图18所示）。有些个体没有后代，而其他个体可能碰巧产生多于两个的后代。因为不论有无携带突变基因，个体产生的子代数量都不可能完全相同，这就意味着，子代中突变基因的频率将不会与亲代一样。因而在多次传代过程中，种群的基因构成会出现持续的随机波动，直到有一天，或者种群中的所有个体都携带有产生亮红色眼睛的基因，或者这一突变基因从种群中消失、所有个体都带有产生暗红色眼睛的基因。在一个小种群中，遗传漂变的速度很快，不需要多长时间，种群所有的个体都变成一样的了。大种群则需要更长的时间来完成这一过程。

这就解释了遗传漂变产生的两类影响。首先，在一个新的变异体漂变至最后从种群中消失或者该变异体最终在种群中100%

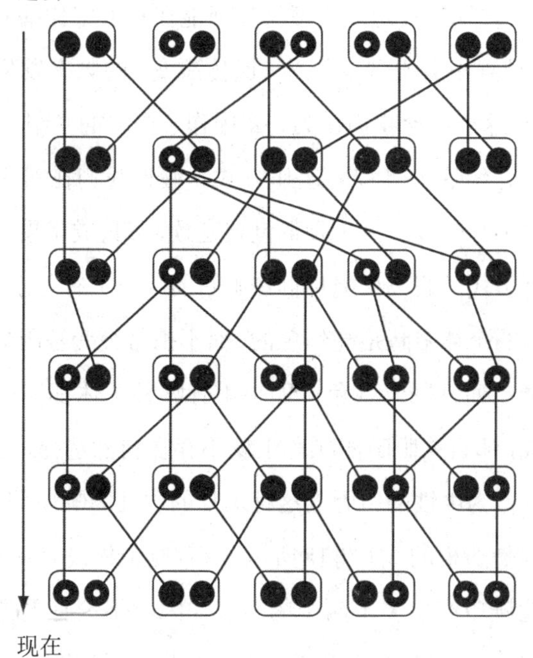

图18　遗传漂变。这张图显示的是一个基因在有五个个体的种群中，经过六个世代中遗传漂变的过程。每个个体（以一个空心的形状表示）有两个该基因的副本，分别来自亲本的一方。个体基因副本的不同DNA序列没有详细列出，而用有或无白点的黑色圆盘来表征。以文中提到过的果蝇为例，白色圆点代表引起亮红色眼睛的变异基因，黑色圆盘代表暗红色眼睛的变异基因。第一代中，有三个个体同时拥有一个白色圆点基因和一个黑色圆盘基因。因此，种群中30%的基因为白色圆点基因。图中显示了每一代的基因谱系（为了方便，假设个体既可作为雄性也可以作为雌性生殖，就像许多如番茄一样雌雄同体的植物、如蚯蚓一样雌雄同体的动物）。出于偶然，一些个体会比其他个体产生更多的后代，而有的个体产生的后代数量则较少，甚至可能没有存活下来的后代（例如，第二代中最右边的个体）。因此，每一世代的白色圆点基因和黑色圆盘基因的副本数量会有波动。第二代仅有一个个体携带有白色圆点基因，到了第三代有三个个体从这个个体遗传了该基因，这就使得该类基因的比例从10%提高到了30%；下一代中是50%，等等

出现（**固定下来**）的过程中，受该基因影响的性状在种群中是多变的。突变引入的新中性变异体，以及遗传漂变导致的变异体频率的改变（以及有时发生的变异体基因的消失）决定了种群的多样性。对不同种群个体的同一基因DNA序列的检测结果揭示了这一过程所造成的沉默位点的变化性，这一点我们在第五章中有所阐述。

遗传漂变的第二个影响是，最初非常稀少的、就选择来说属于中性的变异体有机会扩散至整个种群，取代其他变异体，尽管它更有可能从种群中丢失。遗传漂变由此导致两个隔离种群的进化分离，甚至是在没有自然选择作用推动的情况下。这是一个很缓慢的过程。它的速度取决于新的中性突变的出现速度，以及遗传漂变造成基因更迭的速度。值得注意的是，最终两物种DNA序列分化的速率只取决于单个DNA字母突变的速率（亲代字母变异并传给子代的频率）。在这一点上一个直观的解释是，如果自然选择没有起任何作用，除了序列中突变出现的频率以及从两物种最后一位共同祖先到现在所经历的时间这两点外，就没有什么会影响两物种间突变差异的数量。大种群每一世代可以产生更多的新突变，仅仅是因为可能发生突变的个体数量更多。但是就像上文中阐述的那样，遗传漂变在小种群中会更快发生。结果是，种群规模所造成的两方面影响正好相互抵消，因而突变频率是种群分化速度的决定因素。

这一理论结果对我们判定不同物种间关系的能力有重要启示。这意味着一个基因的中性变化随时间而累积，累积的速度取决于基因的突变速度（分子钟原理，在第三章中有提及，但没有解释）。因而基因序列的变化可能是以一种类似时钟的方式运行，而不是自然选择造成的特征变化。形态变化的速度则高度依赖于环境的变化，并且速度可能有变化，方向可能逆转。

即便是分子钟也不十分精准。同一个世系内的分子进化速度会随时间而变化，不同世系间的也是如此。然而，当没有化石依据的时候，生物学家们可以利用分子钟粗略地估算不同物种分化的时间。为了对分子钟进行校准，我们需要一个分化时间已知的最近缘物种的序列。分子钟最重要的应用之一是确定现代人世系和黑猩猩、大猩猩世系分化的时间，而这一时间没有独立的化石依据。利用包含了大量基因序列的分子钟可以对六七百万年的时间进行较为可信的估算。因为中性序列进化速度取决于突变速度，而DNA单个字母通过突变发生变化的速度非常低，所以分子钟极其慢。人类和黑猩猩的DNA字母之间存在约1%的不同，这一事实与超过10亿年里单个字母只变化一次相契合。这与实验测量得到的突变速率的结果一致。

分子钟也被用于研究蛋白质的氨基酸序列。上文中已经提到过，蛋白质序列进化慢于沉默DNA差异的进化，因而有助于完成一个棘手任务：对分化了很长时间的物种进行比较。在这类物种之间，大量的变化发生在DNA序列的某些位点，因此不可能准确计算出发生突变的数量。致力于重建现有生物主要群体间分化时间的科学家，于是采用了来自缓慢进化着的分子的数据（图19）。当然这样的数据只是粗略的估算，但是，通过对多个不

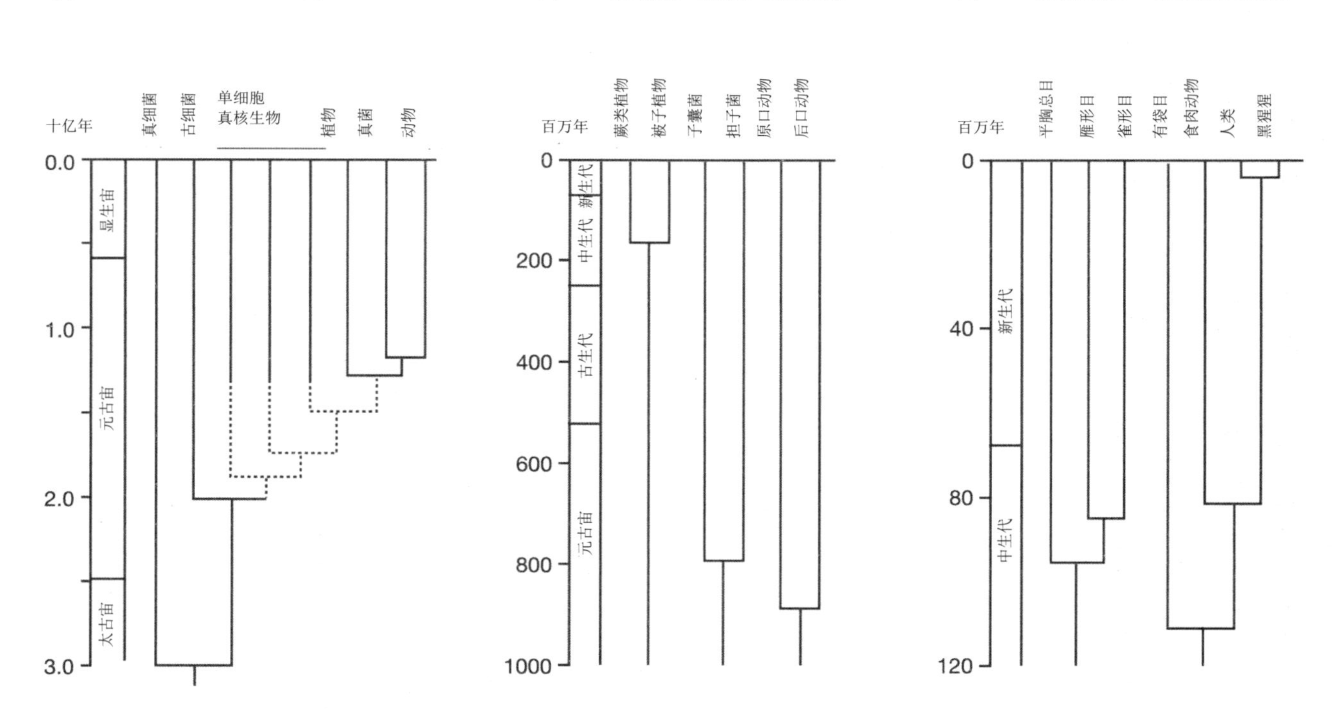

图19 近期根据DNA序列差异所绘制的进化树年表，图中标明了估算出的群体间的分化时间。（a）图显示了所有生物（真细菌和古细菌是两大类细菌）；（b）图显示了多细胞生物（被子植物是有花植物，子囊菌和担子菌是两类主要的真菌）；（c）图显示了鸟和哺乳动物（平胸总目是鸵鸟及其近缘种，雁形目是鸭子及其近缘种，雀形目是会鸣叫的鸟类）

同基因的估算累积，可以提高计算过程的准确性。通过对以不同速度进化的基因序列信息的审慎使用，进化生物学家能够绘制某些生物群体间的关系图谱，这些生物的最后一位共同祖先生活在距今10亿年前甚至更久远。换言之，我们近乎重建了生命世系树。

第七章

一些难题

随着进化论变得越来越被人们理解，以及不断被生物学家证实，新的问题出现了。不是所有的问题都已经解决了，争论始终存在于新老问题之中。在本章中，我们将描述一些表面上很难解释的生物现象，其中一些达尔文自己已经解决，剩下的则成为之后研究的主题。

复杂的适应性是如何进化的?

自然选择进化论的批评者经常提及从蛋白分子到单个细胞再进化到眼睛和大脑等复杂生物结构的困难性。一个只通过自然选择产生的功能齐全且具有良好适应性的生物机器如何能依靠偶然的突变来运行？理解这些何以发生的关键表现在“适应”这个词的另一层含义中。生物体以及它们复杂的结构的进化过程，就像工程师造机器一样，许多方面都是先前结构的修改（适应）版本。在制造复杂的机器和设备时，最初不那么完美的版本随着时间推移不断精炼，增加了（适应）新的甚至是完全想象不到的用途。全膝关节置换术的发展过程就是一个很好的例子：一个粗糙的初始方案足以解决问题，但是被不断改造得越来越好。

与在生物进化中类似，按今天的标准来看，许多早期设计的改变看上去很小，但是每一个变化都是在前一个基础上的改进，而且可以被膝外科医生所利用，每一个过程都在复杂的现代人工膝盖的发展中起了作用。

“设计”被不断修改完善的过程就像是在大雾天爬山。即使没有一定要登顶的目的（或者甚至不知道山顶在哪），但只要遵循一个简单的原则——每一步都向上——就会离山顶（至少局部的顶点）越来越近。用某种方式简单地使其中一个构件更好地工作，那么即使没有设计师，整个设计最后也有了改进。在工程上，改进的设计通常是不同工程师对机器改进作多重贡献的结果，最早的汽车设计者看到现代汽车可能会大吃一惊。在自然进化中，改进来自对生物体所谓的“修补”，很小的变化就使这个生物体能更好地生存或繁殖。在一个复杂结构的进化中，许多不同的性状必然是同时进化的，这样结构的不同部分才可以很好地适应一个整体的功能。我们在第五章中看到，相对于主要的进化演变所用的时间，有利的性状，即使它们最初很罕见，也可以在短时间内在种群中扩散。一个已经运作但可以改进的结构体发生连续的小的改变，因此可以产生大的进化演变。在经历数千年后，可以想象到即使一个复杂结构也会发生彻底改变。足够长的时间以后，此结构将在许多不同方面与原始状态相异，于是后代个体可以拥有祖先从未有过的组合性状，就像现代汽车与最早的汽车有很多不同点一样。这不仅是一个理论上的可能性：正如第五章中所描述的，动物和植物育种人经常通过人工选择来实现这一可能。因此我们不难了解到，这些由许多彼此协调的部件所组成的性状是如何由自然选择所引发的。

蛋白质分子的进化有时被认为是一个特别困难的问题。蛋白质结构复杂，每个部位必须相互作用才能正常运转（许多蛋白质必须也和其他蛋白质及分子（有些情形下包括DNA）相互作用）。进化论必须能够解释蛋白质的进化。蛋白质一共有20种不同的氨基酸，因此在一个100个氨基酸长度的蛋白质分子中（比许多实际的蛋白质分子短），正确的氨基酸出现在特定位置的概率是1/20。如果100个氨基酸随机混合在一起，那么序列中每一个位置都有正确的氨基酸、形成一个正常的蛋白质的概率显然非常小。因此有人声称，组装一个发挥功能的蛋白质和用龙卷风吹过废品场来组装一架大型客机的概率差不多。一个发挥功能的蛋白质确实不能通过在序列中每个位置随机挑选一个氨基酸组装而成，但是，就像上文中的解释所阐明的，自然选择不是这样工作的。蛋白质最初可能只是几个氨基酸的短链分子，这样可以使反应快一点，接着在进化中不断得到改进。我们可以忽略数百万不发挥作用的潜在的非功能序列，只要蛋白质序列在进化过程中能比没有蛋白质的时候为反应提供更好的催化作用，然后不断地随着进化时间持续改进。我们很容易在总体上了解到，连续的变化（序列的改变或增长）将如何改进一个蛋白质。

关于蛋白质工作原理的研究成果支持了上述观点。蛋白质中对其化学活动至关重要的部分通常都是序列里非常小的一部分；一个典型的酶只有一部分氨基酸与化学物质发挥作用然后改变这种化学物质，其他蛋白链大部分只是简单地提供支架以支撑参与这个作用的部分的结构。这说明一个蛋白质要发挥功能关键只取决于小部分氨基酸，因此蛋白质序列的一些很小数量的变化就可以进化出一个新的功能。许多实验都证实了这一点，这些实验通过人工诱导蛋白质序列的变化来使它们适应新的功能。我们已经证明，通过这些方式（有时仅仅需要改变一个氨基酸）可以很容易给蛋白质的生物活动带来剧烈的变化，在自然进化的变化中也有类似的例子。

类似的答案也可用以回答连续酶反应的路径如何进化，例如那些产生生物体必需的化学物质的酶（见第三章）。有人可能认为，即使最终产物是有用的，由于进化没有先见之明，无法建立起一个功能完全的连锁酶反应，因此也不可能进化出这些路径。这个谜语的答案是显而易见的。在早期生物的环境中可能存在许多有用的化学物质，随着生命不断进化，这些物质变得稀有了。能够将一种类似化学物质变成有用化学物质的生物体将会受益，于是酶就会进化以催化这些变化。这时有用的化学物质就可以用相关的物质合成，因此一个有前身和产物的短的生物合成路径将会受到青睐。通过这样连续的步骤，从它们的最终产物往后推，就可以进化出能够为生物体提供必需的化学物质的路径。

如果复杂的适应，就像进化生物学家提出的那样，真的是逐步进化的，那么我们应该可以找到这些性状进化的中间阶段的证据。这样的证据的来源有两种：化石记录里中间过程的发现，以及具有介于简单和先进状态之间的过渡特征的现存物种。在第四章，我们描述了连接各迥异形式的中间化石，这些化石支持了进化是逐步改变的理论。当然，在很多时候我们无法找到进化的中间生物，尤其是当我们追溯到更为遥远的年代时。特别是多细胞动物的主要成员，包括软体动物、节肢动物和脊椎动物，几乎全部都突然出现在寒武纪（5亿多年前），而且几乎没有关于它们祖先的化石证据。关于它们之间的关系，最新的DNA研究有力地证明，早在寒武纪之前这些群体就已经是独立的世系（图19），但是我们没有任何关于它们形象的信息，可能是因为它们是软体而不可能变成化石。但是不完全的化石记录并不意味着中间阶段不存在。新的中间阶段的证据正在持续被发现，距今最近的是在中国发现的一块1.25亿年前的哺乳动物化石，它与现代胎盘哺乳动物特征类似，但是比这个物种之前所知的最古老的化石早了4000万年。

另一种类型的证据来源于习性的比较，这是我们研究那些没有变成化石的特征的唯一途径。就像达尔文在《物种起源》一书的第六章中指出的那样，一个简单但令人信服的例子是飞行。没有化石连接着蝙蝠和其他哺乳动物，在沉积物中发现的距今6000多万年的第一批蝙蝠化石，和现代蝙蝠一样有高度改良的四肢。但是有例子证实一些现代哺乳动物具有滑翔能力却不会飞。最为人类所熟悉的是鼯鼠，它们与普通松鼠很相似，除了连接前后肢的翼膜。翼膜就像粗糙的翅膀，可以使鼯鼠荡起来的时候滑行一段距离。在其他哺乳动物——包括所谓的飞狐猴（并不是真正的狐猴，和鼯鼠也无关）——和蜜袋鼯中，相似的滑翔适应性已经独立进化。蜥蜴、蛇和青蛙的滑行物种也是我们所知道的。很容易想象滑行能力可以减少树上生活的动物被捕食者抓到或吃掉的风险，因此在树枝间跳来跳去的动物的身体逐步改变而进化出滑行能力。滑行所用到的皮肤区域逐渐增大，前肢发生改变以适应这种增大，这些都将有利于生存。飞狐猴有一张大得可以从头部延伸到尾巴的膜，尽管只能滑行不能飞，但和蝙蝠的翅膀很相似。一旦可以高效滑行的翅膀结构进化形成，翅膀肌肉组织发育并产生动力就不难设想了。

作为另一个复杂适应的例证，达尔文也研究过眼睛的进化。脊椎动物的眼睛是一个高度复杂的结构，在视网膜上有感光细胞，透明的角膜和晶状体使得图像可以在视网膜上聚焦，还有可以调整焦距的肌肉。所有脊椎动物的眼睛构造都基本相同，但是在细节上有许多变化以适应不同的生活模式。没有视网膜，晶状体似乎毫无作用，反之亦然，那么这样一种复杂的器官是怎么进化出来的？答案是没有晶状体时视网膜绝不是无用的。许多种无脊椎动物都拥有不含晶状体的简单的眼睛，这些动物不需要看得清楚，眼睛可以感知明暗进而察觉捕食者就足够了。事实上，在不同的动物中可以看到简单的感光受体和各种类型可以产生图像的复杂装置之间的一系列中间形态（图20）。甚至单细胞真核生物，也能通过由一群光敏蛋白视紫红质分子组成的受体感知并回应光。所有动物的眼睛中都含有视紫红质，在细菌中也能发现。从细胞的这种可以感知光的简单能力开始，不难想象聚光能力将逐步进化提高，最终成为一个可以聚焦并产生清晰图像的晶

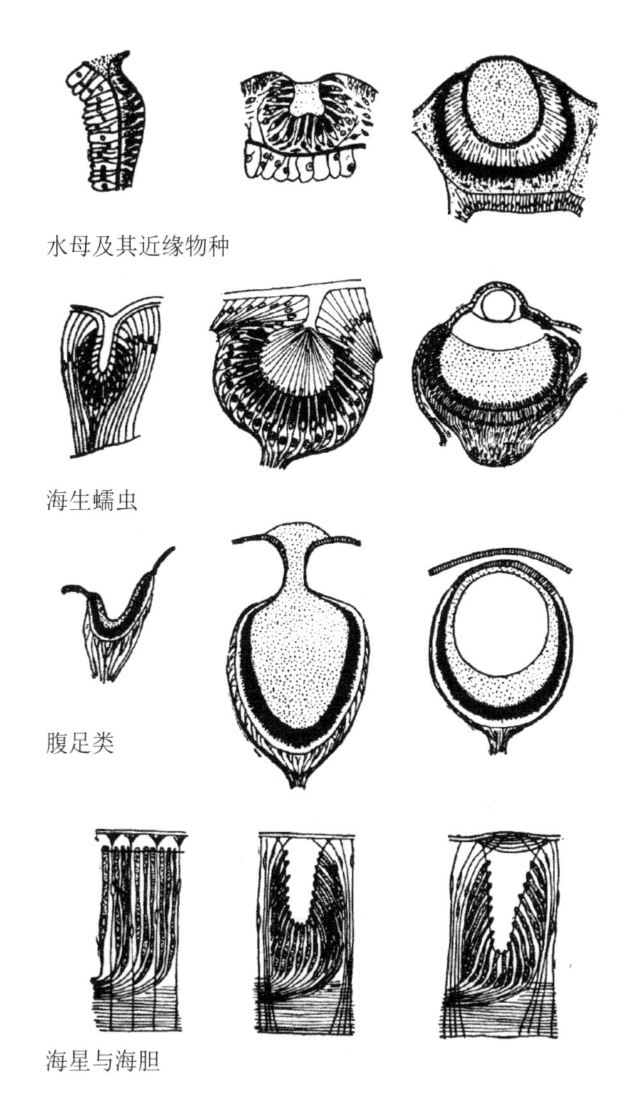

图20　各种无脊椎动物的眼睛。从左至右，每一行展示着给定的类别中不同物种由低到高的眼睛类型。例如海生蠕虫（第二行），左边的眼睛只由一些光敏和色素细胞组成，有一个透明的圆锥体投射到它们中间。中间的眼睛有一个充满了透明的胶状物的腔体和有大量感光细胞的视网膜。右边的眼睛在腔体前有一个球面透镜和更多的光受体

状体。正如达尔文所说：

> 在活体中，变异会引起轻微的改变，……自然选择将娴熟地挑选每一个改进。让这个过程持续数百万年，在每一年中作用在许多种类的数百万的个体上；我们有理由相信，一个比玻璃更好的、活的光学器官将由此产生。

我们为什么会衰老?

作为一个整体，年轻的身体令人惊叹，就像眼睛，是近乎完美的生物机械。但这种“近乎完美”有一个反面的问题，就是它们在生命中持续的时间不长。为什么进化会允许衰老发生？近乎完美的生物由于衰老而变成自己微弱的影子是诗人们钟爱的主题，尤其是当他们预见这些将发生在爱人身上：

> 于是我不禁为你的朱颜焦虑：
> 终有天你要加入时光的废堆，
> 既然美和芳菲都把自己抛弃，
> 眼看着别人生长自己却枯萎；
> 没什么抵挡得住时光的毒手，
> 除了生育，当他来要把你拘走。[1]
>
> ——莎士比亚的“十四行诗12”

[1] 梁宗岱译文。

衰老当然不局限于人类，在几乎所有的植物或动物中都可以观察到。为了测定衰老程度，我们可以研究许多置于保护区域中的个体，也就是排除"外部"原因比如捕食造成的死亡的环境，这样生物可以比在自然环境中所活的时间长很多。一直追踪下去，我们可以测定不同年龄段的死亡率。即使在被保护的环境中，刚出生的个体的死亡率通常也较高；随着个体长大，死亡率会下降，但成年期之后再次上升。在大多数得到细致研究的物种中，成年个体的死亡率随着年龄的增长而稳步上升。然而不同物种的死亡率的模式差别较大。相比人类这样个体大且寿命长的物种，个体小且寿命短的生物，例如老鼠，在相对年轻时的死亡率高得多。

衰老导致死亡率的上升，这是生物体的多项功能随着年龄增加而退化的结果：似乎所有的东西都在变糟，从肌肉力量到精神能力。在多细胞生物中几乎普遍发生的老化（这看似一种退化）与自然选择导致适应性进化的观点矛盾，这可能看上去是进化论的一个严峻的困境。一种回答是适应性绝不是完美的。在生物体生存所必需的系统中，长期以来累积的损害将不可避免地造成衰老，而自然选择可能根本无法阻止它发生。实际上，复杂的机器例如汽车的年均故障次数，也会随着时间增加而增加，这与生物体的死亡率非常类似。

但这不可能是答案的全部。单细胞生物体例如细菌简单地通过分裂生成子细胞来繁殖，通过这些分裂产生细胞谱系已经持续了数十亿年。它们不衰老，但是持续分解已损坏的组分并用新的替换掉。它们可以无限繁殖下去，前提是自然选择清除了有害的突变。对一些生物（例如果蝇）人工培养的细胞而言，这也是可能的。多细胞生物的生殖细胞谱系也可以在每一代延续，所以为什么整个生物体不会维持修复过程？为什么我们大部分的身体系统显示出某种衰老？例如，哺乳动物的牙齿随着年龄增长而磨损，最终导致饿死在自然界。这不是必然的，爬行动物的牙齿可以不断更新。不同物种的不同衰老速度展示了不同效果的修复过程和随着年龄增长的保持程度：一只老鼠最多能活3年，然而一个人可以活超过80年。这些物种差异表明衰老过程也是进化的，因此衰老需要一个进化论的解释。

在第五章中，我们看到对多细胞生物的自然选择通过个体对后代贡献的差异发挥作用，包括它们产生的后代的数量以及生存机会的差异。此外，所有个体都有事故、疾病和捕食导致死亡的风险。即便这些死因发生的概率与年龄无关，生存概率也随着年龄的增加而下降，我们和汽车都是这样：如果从第一年到下一年良好运转的概率是90%，5年后这个概率是60%，但是50年后就只有0.5%。因此对生存和繁殖的自然选择倾向于在生命的早期而不是晚期进行，仅仅因为平均来看更多的个体能够活着感受其有益的效果。事故、疾病和捕食造成的死亡率越高，自然选择将越强烈地倾向于生命早期的改进，因为如果这些外部原因造成的死亡率很高，那么很少有个体可以存活到老年。

这个观点表明衰老进化是由于与后期的变异相比，在生命早期有更多的有利于生存或繁殖的备选变异。这个概念类似于我们熟悉的人寿保险：如果你年轻，那么购买一定数量的保险将花费少，因为你可能有许多年是提前支付。自然选择引起衰老的作用途径主要有两种。上面提到的观点表明，有害的突变如果发生在生命早期，将遭受最强烈的抵抗。选择能引起衰老的第一种方法是保持种群中很少发生早期突变，同时允许在生命晚期发生变得普遍。许多常见的人类基因疾病确实是由那些在晚年出现有害作用的突变导致的，例如阿尔茨海默病。第二种途径是，在生命早期带来有利影响的变异体比只在晚期带来有利影响的更有可能在整个种群中扩散。生命早期的改进可以进化，即使这些好处是以之后有害的副作用为代价。例如，年轻时高水平的生殖激素可以提高妇女的生育能力，但是之后却有患乳腺癌和卵巢癌的风险。实验结果证实了这些预测。例如，通过只用非常老的个体来繁殖，可以保持黑腹果蝇的种群。在几代之后，这些种群进化出更慢的老龄化，但代价是生命早期的生殖成功率降低了。

衰老的进化理论预测，外因死亡率较低的物种应该比更高的物种衰老得慢并且寿命更长。躯体大小和衰老速度之间确实有很强的联系，躯体较小的动物比大的衰老得快得多，而且生殖时间要早。这可能是由于许多小动物更容易遭受意外事故伤害或被捕食。当我们考虑到被捕食的风险时，具有相似尺寸但野外死亡率不同的动物所具有的迥异的衰老速度往往就容易理解。许多飞行生物以长寿著称是有道理的，因为飞行是对捕食者很好的防御。一个相当小的生物，例如鹦鹉，可以比一个人的寿命更长。蝙蝠与同等体重的陆生哺乳动物例如老鼠相比，寿命要长得多。

我们人类自己也可能是进化学中老化速度较慢的一个例证。

我们的近亲黑猩猩即使在人工饲养环境下也很少有活过50年的，并且比人类更早地繁殖，平均生殖年龄为11岁。因此，从人类和猿偏离我们共同的祖先开始，人类可能大幅降低了老化速度并推迟生殖成熟期。这些改变可能是由于提升的智力和合作能力，它们减少了外部死亡原因的威胁和早期生育的优势。早期和晚期生育相对优势的改变可以在当今社会中发现甚至量化。人口普查数据明确表明，工业化导致成年人的死亡率急剧下降，这改变了自然选择对人类老化过程的影响。不妨考虑一下由罕见的基因突变引起的亨廷顿病（退化的大脑失调），这种病发病较晚（在30岁或者更晚）。在由于疾病和营养不良而死亡率较高的人群中，很少有个体能活到40岁，亨廷顿病患者的后代数量比其他人平均只略少（少9%）。在工业化社会，死亡率很低，人们经常在这种疾病可能发生的年龄才有小孩，结果患病者比不患病者平均少了15%的后代。如果目前的状况持续，自然选择会逐步降低在育龄后期起作用的突变基因的出现频率，老年人的生存率将会提高。罕见但影响重大的基因，例如亨廷顿病，对人群整体的影响较小，但是其他许多部分由基因控制的疾病对中老年人的影响很大，包括心脏病和癌症。我们可能希望这些基因的发生率因为这种自然选择而随着时间下降。如果工业化社会中低死亡率的特点持续几个世纪（一个大胆的假设），那么将会出现缓慢但是稳定的基因改变，降低衰老速率。

不育的社会性昆虫的进化

进化论的另一个问题是许多类型的社会性动物中存在的不

育个体。在社会性的胡蜂、蜜蜂和蚂蚁中，巢穴中有一些不生殖的雌性个体，即工蚁或工蜂。生殖的雌性是群体中的极少数（通常只有一个蚁后或蜂后）；雌性工蚁或工蜂照看蚁后或蜂后的后代并维护和建造巢穴。另一种主要类型的社会性昆虫——白蚁，雄性和雌性都可以成为工蚁。在高级的社会性昆虫中，通常有几种不同的“阶级”，它们扮演不同的角色，通过行为、大小和身体结构的不同来区分（图21）。

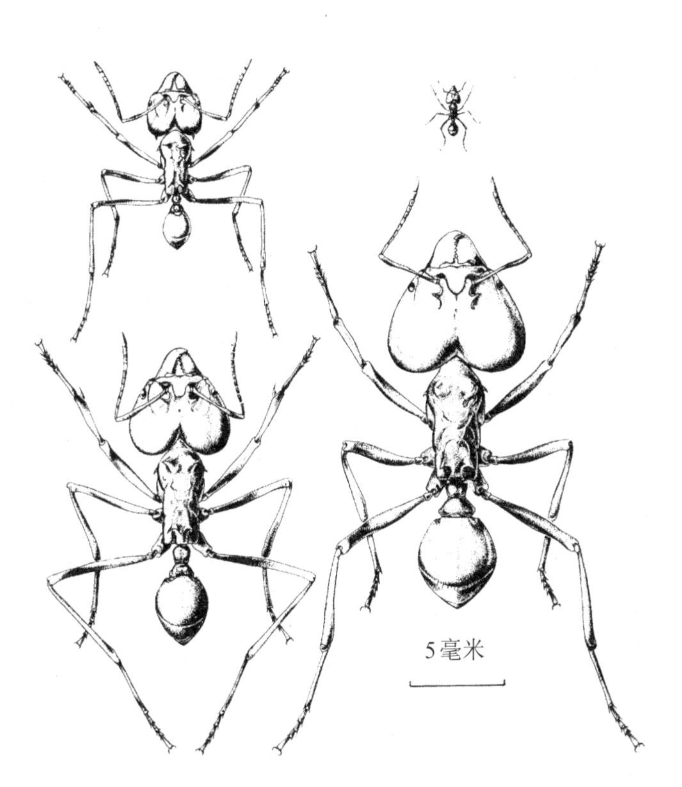

图21　来自同一个群体的切叶蚁属的工蚁阶级。右上角最小的工蚁负责照看切叶蚁耕作的真菌花园，大的则是负责保卫蚁巢的兵蚁

一个了不起的新发现是，社会性巢居哺乳动物中的几个物种与这些昆虫有类似的社会结构，巢穴中大部分的居住者是不育的。最为人熟知的是裸鼢鼠，非洲南部沙漠地区的一种穴居啮齿类动物。巢穴中可能居住着几十个成员，但是只有一个生殖的雌性，如果它死了，其他的雌性通过战斗决出胜利者来取代它。拥有不育劳作成员的社会性动物的系统因此进化成完全不同的动物种群。这些物种给自然选择理论带来一个显而易见的问题：为什么会进化出失去生殖能力的个体？既然劳作成员自己不生育，因此无法直接接受自然选择，那么它们对分工中的专业角色的极端适应是如何进化来的？

达尔文在《物种起源》一书中提及了这些问题，而且回答了部分。答案就是：社会性动物的成员通常都是近亲，例如裸鼢鼠或者蚂蚁，经常共有同一个母亲和父亲。基因变异体导致某携带者放弃自己的繁殖机会而养育它的亲属，这可能有助于将近亲的基因传递给下一代，近亲的基因通常（由于亲缘关系）与施助个体的基因相同（对于一对姐弟或兄妹，如果其中一个从父母那里遗传了一个基因变异体，那么另外一个也有此变异体的概率是50%）。如果不能生育的个体的这种牺牲导致成功生存和繁殖的近亲数目增加，那么这种“劳作基因副本”数目的增加可以超过由于它们自身不能繁殖而导致的数目减少。关系越近，弥补损失所需的量将越少。J.B.S.霍尔丹曾经说过：“为了两位兄弟或八位表亲我愿献出我的生命。”

亲缘选择理论为理解社会性动物中不育的起源提供了架构，

现代研究表明它可以解释动物社会的许多细节，包括那些不像不育昆虫阶级那么极端的特征。例如，在一些鸟类中，幼年雄性没有试图去交配，而是当年幼的兄弟姐妹需要照顾时，在它们父母的巢中扮演着帮手的角色。与之类似，豺狗会在其他成员外出捕猎时照顾年幼的个体。

昆虫不育劳作阶级内部的差异是如何出现的，这个问题与上面所提到的问题略有不同，但是它的答案与上文有一定相关性。特定劳作者的发育受环境信号的控制，例如一个幼虫所得到的食物的数量和质量。然而，对这些环境信号的反应能力却是基因决定的。一个特定的基因变异体可能让蚂蚁中一个不育成员发展成（比如说）兵蚁（下颚比平常的工蚁大）而不是工蚁。如果有兵蚁的群体可以更好地抵御敌人，并且带有这种变异体的群体平均可以繁殖更多，那么这个变异体将提高群体的成功率。如果群体中繁殖活跃的成员是工蚁的近亲，这个引起一些工蚁变成兵蚁的基因变异体将通过蚁后和雄性建立新的群体而传播开来。自然选择因此可以提高这个变异体在该物种的群体中出现的概率。

这些观点同样解释了从单细胞祖先到多细胞生物的进化过程。卵子和精子结合而产生的细胞相互间保持联系，其中大部分丧失了成为生殖细胞和直接为下一代贡献的能力。由于所有相关细胞的基因都是相同的，与另一边的单细胞生物相比，充分提高一部分相关细胞群的生存和繁殖能力将是有利的。非生殖细胞为了整体细胞的利益而“牺牲”了自己的繁殖，有些在发育过程中随着组织的形成和溶解注定要死亡，大部分细胞失去了分裂的潜能，就像我们在讨论衰老的进化时解释的那样。当细胞无视器官的需求而恢复分裂能力时，给生物体造成的严重后果表现为癌症。细胞在发育过程中分化成不同的类型类似于社会性昆虫分化成不同的等级。

活细胞的起源与人类意识的起源

进化论中，在生命发展史的两个极端上，存在另外两个重要但是很大程度上未解决的问题：活细胞基本特征的起源和人类意识的起源。与我们刚讨论的问题相比，它们是生命史上独特的事件。它们的独特性意味着我们不能利用对现存物种的比较来可靠地推论他们是如何发生的。此外，关于生命极早期历史和人类行为的化石记录的缺失，意味着我们没有关于进化事件发生次序的直接信息。这当然不能阻止我们猜测这些可能是什么，但是这样的猜测不能用我们已描述过的其他进化问题的解决方法来检验。

对于生命的起源，大部分当前研究的目的是找到类似于地球早期普遍条件的情形，这种条件允许能够自我复制的分子的纯化学聚合，正如我们细胞中的DNA在细胞分裂时的自我复制。这种自我复制的分子一旦形成，不难想象不同类型的分子之间的竞争将进化出能更精确和更快速复制的分子，这就是自然选择作用对它们的改进。通过将简单分子的溶液（早期地球上的海洋可能的存在形态）置于电火花和紫外线下照射，化学家们成功地合成了组成生命的基本化学成分（糖、脂肪、氨基酸以及DNA和

RNA成分）。不过这些成分如何组装成类似RNA或DNA的复杂分子，这方面研究进展很有限，而如何使这样的分子自我复制方面的研究进展则更有限，所以我们还远未达到预期的目标（但一直在持续进步）。进一步来说，一旦这个目标实现了，还有一个问题必须解决：如何进化出一个原始的基因编码，使短链RNA或DNA序列能够决定一个简单的蛋白质链。虽然已经有许多的想法，但是至今仍没有能解决问题的明确方法。

类似地，对于人类意识的进化我们也只能猜测。我们甚至很难清晰地表述这个问题的本质，因为众所周知意识是很难准确定义的。大部分人认为刚出生的婴儿没有意识，但很少有人质疑一个两岁的小孩是有意识的。动物在多大程度上有意识也存在激烈的争论，但是喜爱宠物者清楚地认识到狗和猫对主人的意愿与情绪的反应能力。宠物甚至似乎可以操纵主人去做它们意愿中的事情。因此意识可能是一个程度问题，而不是本质，由此原则上很容易想象我们祖先在进化过程中逐步强化自我意识和沟通能力。一些人会认为语言能力是拥有真正意识的最有力的判断准则，即使这种能力在婴儿时以惊人的速度逐步发展。进一步来说，有明显的迹象表明动物具有基本的语言能力，例如鹦鹉和黑猩猩，它们可以通过学习交流简单的信息。我们人类与其他高等动物之间实际上的差距没有表面上那么明显。

虽然对于那些推动了人类心理与语言能力（显然远超过其他任何动物）进化的选择性力量的细节，我们一无所知，但是从进化的角度来解释它们却没有任何特别的神秘之处。生物学家在认识大脑的功能方面正取得飞速的进展，毫无疑问，心理活动的所有形式都可以用大脑中神经细胞的活动来解释。这些活动一定受到具体调控大脑发育和运转的基因的控制；像其他的基因一样，这些基因也很容易突变，引起自然选择可以发挥作用的变异。某些基因的突变导致其携带者说话语法方面存在缺陷，于是人们能够识别出与语法控制相关的基因，这一技术已不再是纯粹的假想。如今，我们甚至已经弄清引起相关差异的DNA序列中的突变。

第八章

后　记

距达尔文和华莱士第一次将他们的想法公之于众已经140年了，我们对进化了解了多少？正如我们已经看到的，现代进化观点在许多方面和他们的十分接近，两者都认为自然选择是引导结构、功能和行为进化的主要动力。主要的不同点在于，由于在两方面的进步，相比于20世纪初，人们现在更加相信在自然选择作用下遗传物质的随机突变引发的进化过程。首先，我们有更丰富的数据，展现了在生物组织中，从蛋白分子到复杂的行为模式，每一个水平层面上自然选择所发挥的作用。其次，我们现在已经理解了对达尔文和华莱士来说还是一个谜的遗传机制。我们现在详细地掌握了遗传的许多重要方面，从遗传信息是如何储存在DNA中的，到这些信息又是如何以特定的蛋白质为中间体、通过调节它们的产生水平来控制生物体性状的。此外，我们现在还知道DNA序列的许多变化几乎不会影响生物体的功能，因此序列的进化改变可以通过遗传漂变的随机过程实现。DNA测序技术使我们能够研究遗传物质本身的变异和进化，也能够通过序列的差异重建物种间的遗传谱系。这些遗传知识，以及我们对自然选择驱动生物体物理和行为特征进化的理解，并不意味着能够对这些特征的所有方面做出严格的遗传解释。基因只规定了生物体能够显现出来的那部分特征的可能范围，实际表达出来的特征常依赖于生物体所处的特定环境。对于高等动物，学习在行为活动中起重要作用，但是动物可以学习的行为范围受限于它的大脑结构，而大脑结构又受限于遗传构成。这一点当然也在跨物种的情况下适用：狗永远也学不会说人话（人也不能嗅到远处兔子的气味）。在人类之中，有强有力的证据表明遗传和环境因素都是引发心理特征差异的诱因；如果人类不遵循其他动物所遵循的这一规律，那才令人吃惊。人类的多数变异都存在于同一个区域群体的个体间，不同群体间的差异则少得多。因此，种族是同质的、彼此独立的存在这种想法是毫无道理的，而某个种族具有遗传上的“优越性”这一说法更是无稽之谈。这是一个科学如何为人们在社会和道德问题上提供决策信息的案例，尽管科学无法直接做出那些决定。

那些我们认为基本上为人类所具有的特征，比如说话的能力、象征性思维的能力以及指引家庭和社会关系的情感，必定反映了始于数千万年前的漫长的自然选择过程，从那个时候起，我们的祖先开始了社会群体生活。我们在第七章中讲到，以社会性群体而居的动物能够进化出非完全自私的行为模式，即不会牺牲其他个体以使自己生命延续或繁殖成功。人们很容易认为，这种特征作为一种对他人的公平感，形成了我们身为社会性动物的进化遗传的一部分，就像亲代对子代的抚育无疑代表了同许多其他动物类似的进化行为。我们再次强调这并不意味着人类行为的所有细节都是受遗传控制的，或是显示了可提高人类适应性的特征。而且，对人类的行为作出的进化上的解释，是很难加以严格测试的。

在进化过程中有进步吗？答案是有保留的“是的”。复杂的动植物都是由不太复杂的动植物进化而来的，生命的历史也展示出从简单的原核单细胞生物体到鸟和哺乳动物的一般进步过程。但是自然选择进化论并没有暗示这一过程是不可避免的，细菌显然还是最丰富和最成功的生命形式之一。这就像是保存了虽然老旧但是仍然有用的工具，比如说现代世界中电脑旁边的锤子。复杂性会随进化下降的例子有很多，比如，穴居物种失去视力，或者寄生虫缺少独立生存所需要的结构和功能。就像我们已经多次强调的那样，自然选择不能预测未来，只能积累在普遍环境中有利的变异体。复杂性的提高可能常会带来更好的功能，就像眼睛，然后这一功能被选中留存。如果这一功能不再与适应性有关，相关结构的退化就在情理之中。

进化也是冷酷无情的。自然选择发挥作用，打磨捕食者的捕猎技巧和武器，不管不顾猎物的感觉。它让寄生物进化出入侵宿主的精妙装置，即使这会引发强烈的痛苦。它引起衰老。自然选择甚至能让一个物种进化出低生育率，当环境恶化时，该物种就会走向灭亡。然而，化石记录和如今惊人丰富的物种所揭示的生命历史，让我们对30多亿年的进化结果感到惊叹，尽管这都是“自然之战、饥饿和死亡”（达尔文语）的结果。对进化的了解让我们知道了我们在自然界中的真正位置——我们是由冷酷的进化力量所造就的数量极多的生命形式的一部分。这些进化的力量已经给了我们这个物种独特的推理能力，因此我们可以运用远见去减轻“自然之战”。我们应该敬畏进化所造就的东西，保护它们不因我们的贪婪和愚蠢而遭受毁灭，并为我们的后代留存它们。如果我们不去这么做，和其他许多美妙的生物一起，我们自己也会走向灭绝。

译名对照表

A

adaptation 适应
ageing process 衰老过程
agriculture 农业
AIDS 艾滋病
albinism 白化病
algae 藻类
Alzheimer's disease 阿尔茨海默病
amino acids 氨基酸
ammonium uptake defect 铵盐摄取缺陷
amoeba 变形虫
anaemia 贫血症
anaesthetics 麻醉学
antelopes 羚羊
antibiotic resistance 抗生素抗性
ants 蚂蚁
apes 猿
appendix 阑尾
apples 苹果
Archaeopteryx 始祖鸟
Argument from Design《创世论》
arthropods 节肢动物
artificial selection 人工选择
asexuality 无性
asteroid impact (Yucatan peninsula, Mexico) 小行星撞击(尤卡坦半岛，墨西哥)
atmospheric oxygen 大气中的氧气

B

baboons 狒狒
bacteria 细菌
bats 蝙蝠
bees 蜜蜂
binding proteins 结合蛋白
biological classification 生物分类
biological detergents 生物清洁剂
biology 生物学
birds 鸟类
birds of prey 猛禽
blood 血液
body size 身体大小
brain 大脑
butterflies 蝴蝶

C

cabbage 卷心菜
Cambrian period 寒武纪
cancer 癌症
carbon dioxide 二氧化碳
Carboniferous period 石炭纪
carnivores 食肉动物
cell division 细胞分裂
cellular functions 细胞功能
chamaeleons 变色龙

D

E

F

G

H

I

O

P

R

扩展阅读

It is well worth reading *On the Origin of Species* by Charles Darwin (John Murray, 1859); the masterly synthesis of innumerable facts on natural history to support the theory of evolution by natural selection is dazzling, and much of what Darwin has to say is still highly relevant. There are many reprints of this available; Harvard University Press have a facsimile of the first (1859) edition, which we used for our quotations.

Jonathan Howard, *Darwin: A Very Short Introduction* (Oxford University Press, 2001) provides an excellent brief survey of Darwin's life and work.

For an excellent discussion of how natural selection can produce the evolution of complex adaptations, see *The Blind Watchmaker: Why The Evidence of Evolution Reveals a Universe without Design* by Richard Dawkins (W.W. Norton, 1996).

The Selfish Gene by Richard Dawkins (Oxford University Press, 1990) is a lively account of how modern ideas on natural selection account for a variety of features of living organisms, especially their behaviour.

Nature's Robots. A History of Proteins by Charles Tanford and Jacqueline Reynolds (Oxford University Press, 2001) is a lucid history of discoveries concerning the nature and functions of proteins, culminating in the deciphering of the genetic code.

Enrico Coen, *The Art of Genes. How Organisms Make Themselves* (Oxford University Press, 1999) provides an excellent account of how genes control development, with some discussion of evolution.

For an account of the application of evolutionary principles to the study of animal behaviour, see *Survival Strategies* by R. Gadagkar (Harvard University Press, 2001).

Richard Leakey and Roger Lewin, *Origins Reconsidered: In Search of What Makes Us Human* (Time Warner Books, 1993) gives an account of human evolution for the general reader.

J. Weiner, *The Beak of the Finch* (Knopf, 1995) is an excellent account of how work on Darwin's finches has illuminated evolutionary biology.

B. Hölldobler and E. O. Wilson, *Journey to the Ants. A Story of Scientific Exploration* (Harvard University Press, 1994) is a fascinating account of the natural history of ants, and the evolutionary principles guiding the evolution of their diverse forms of social organization.

For a discussion of the fossil evidence for the early evolution of life, and experiments and ideas on the origin of life, *Cradle of Life. The Discovery of Earth's Early Fossils* by J. William Schopf (Princeton University Press, 1999) is recommended.

The Crucible of Creation by Simon Conway Morris (Oxford University Press, 1998), which is beautifully illustrated, provides an account of the fossil evidence on the emergence of the major groups of animals.

More advanced books (these assume an A-level knowledge of biology)

Evolutionary Biology by D. J. Futuyma (Sinauer Associates, 1998) is a detailed and authoritative undergraduate textbook on all aspects of evolution.

And a somewhat less detailed undergraduate textbook of evolutionary biology: *Evolution* by Mark Ridley (Blackwell Science, 1996).

Evolutionary Genetics by John Maynard Smith (Oxford University Press, 1998) is an unusually well-written text on how the principles of genetics can be used to understand evolution.

For a comprehensive account of the interpretation of animal behaviour in terms of natural selection, refer to *Behavioural Ecology* by J. R. Krebs and N. B. Davies (Blackwell Science, 1993).